MuPAD Reports

Holger Naundorf

MAMMUT

Eine verteilte Speicherverwaltung für symbolische Manipulation

MuPAD Reports

Herausgegeben von
Prof. Dr. rer. nat. Benno Fuchssteiner, Universität-GH Paderborn
Institut für Automatisierung und Instrumentelle Mathematik
(Automath)

MuPAD ist ein universelles (*general purpose*) paralleles Computeralgebra-System, das an der Universität-GH Paderborn entwickelt wird. Aktuelle Programmversionen stehen auf dem FTP-Server der Universität-GH Paderborn[1] zur Zeit für Windows 95, Apple Macintosh System 7.x sowie die gängigen UNIX-Systeme zur Verfügung.

MuPAD Reports informiert über die grundlegenden Strukturen und Wirkungsweisen von Computeralgebra-Systemen am Beispiel von MuPAD. Die Reihe gibt Einblick in die technischen und theoretischen Grundlagen des Entwurfs von Systemen zur symbolischen Verarbeitung mathematisch-technischer Sachverhalte.

Aktuelle Informationen zu MuPAD und der projektbegleitenden Forschung sind im World-Wide-Web[2] zu finden. Eine detaillierte Beschreibung des Systems und seiner Programmiersprache (incl. CD) wird im *User's Manual* [MuPAD][3] gegeben.

---

[1] Ftp-server: `math-ftp.uni-paderborn.de/MuPAD/`
[2] Web-Page: `http://math-www.uni-paderborn.de/MuPAD/`
[3] Web-Page Teubner: `http://www.teubner.de`
Wiley: `http://www.wiley.co.uk` bzw. `http://www.wiley.com`

MAMMUT

Eine verteilte Speicherverwaltung für symbolische Manipulation

Von Holger Naundorf
Universität-Gesamthochschule Paderborn

Springer Fachmedien Wiesbaden GmbH

Holger Naundorf

Geb. 1968; 1987 bis 1992 Studium der Mathematik und der Informatik an der Universität-GH Paderborn; seit 1992 wiss. Mitarbeiter der MuPAD Projektgruppe im Fachbereich Mathematik/Informatik der Universität-Gesamthochschule Paderborn. Dort ist er im Bereich des Entwurfs und der Implementierung von CA-Systemen tätig. Seine Arbeitsschwerpunkte liegen in der Garbage Collection, der Integration von Objektorientierung in Computeralgebra und der Parallelität. 1966 promovierte er über ein Modell für objektbasierte Systeme.

Die Deutsche Bibliothek – CIP-Einheitsaufnahme

Naundorf, Holger:
MAMMUT : eine verteilte Speicherverwaltung für symbolische Manipulation / von Holger Naundorf. – Stuttgart : Teubner, 1997
(MuPAD-Reports)
ISBN 978-3-519-02198-8 ISBN 978-3-322-93083-5 (eBook)
DOI 10.1007/978-3-322-93083-5

Ursprünglich erschienen bei B.G. Teubner Stuttgart 1997

Einband: Peter Pfitz, Stuttgart

Vorwort des Herausgebers

Mathematics is the basis of technological progress and technological progress is a key for international competitiveness. Automating an important part of the mathematical problem solving process is a key technology for a nation that wishes to control structure and accelerate technological progress. The automation of the solution of mathematical problems is a powerful lever with which human productivity and expertise can be amplified many times. – Aus A. C. Hearn, Ann Boyle and B.F. Caviness (eds): Future Directions for Research in Symbolic Computation, Siam Reports on Issues in the Mathematical Sciences, Philadelphia, 1990

Computeralgebra-Systeme (CA-Systeme) stellen dem Ingenieur und Naturwissenschaftler fast alle notwendigen Formeln und Algorithmen seiner täglichen Praxis zur Verfügung. Sie setzen Formeln fehlerfrei ineinander ein, bestimmen Ableitungen, lösen Gleichungen, zeichnen Graphiken, verdeutlichen Geometrie und berechnen die benötigten Resultate mit beliebiger Präzision. Außerdem erlauben sie eine mühelose funktionale Programmierung anspruchsvoller Sachverhalte. Computeralgebra wird deshalb den Umgang kommender Generationen mit Mathematik wesentlich prägen und deren Verständnis von Wissenschaft und Technik entscheidend beeinflussen.

Trotzdem nutzen zu viele Anwender ein CA-System als Black Box, ohne sich über die Interna der Systeme und die damit verbundenen Schwächen und Stärken Gedanken zu machen. Neben dem Verständnis der den Funktionsbibliotheken zugrunde liegenden Algorithmen ist aber eine elementare Kenntnis der grundlegenden Strukturen und Wirkungsweisen eines CA-Kerns die Voraussetzung zum effizienten Einsatz solcher Systeme. Leider werden solche technischen Details von vielen Entwicklern und Herstellern nicht offengelegt. Trotz der heute großen Zahl von Anwendern von CA-Systemen besteht deshalb ein Mangel an Kenntnissen über die technischen Grundlagen von Computeralgebra. Diesem Mangel abzuhelfen dient diese Reihe MuPAD-Reports.

MuPAD steht als Abkürzung für Multi Processing Algebra Data Tool. Um Aufgaben und Probleme neuer Dimension lösen zu können, bietet MuPAD neben der Möglichkeit des sequentiellen Arbeitens Versionen, die auf parallelen Rechnerarchitekturen aufbauen; die Zielarchitektur ist ein Netzwerk von Shared Memory Maschinen. MuPAD ist modular aufgebaut und leicht portierbar. Das System erlaubt dem Nutzer die Schaffung eigener Datentypen und ermöglicht objektorientiertes Programmieren. Es ist eines der ersten europäischen universellen CA-Systeme. Die Entwicklung von MuPAD versteht sich als eine Dienstleistung für den Forschungsbereich.

Paderborn im Dezember 1996 — Benno Fuchssteiner

Danksagung

Die vorliegende Arbeit basiert auf den Erfahrungen und Ergebnissen, die im Rahmen des MuPAD Projektes bei der Entwicklung eines universellen und parallelen Computeralgebra-Systems erzielt wurden. Mein Dank gilt daher den Mitgliedern der MuPAD Projektgruppe.

Ich danke Dr. Waldemar Wiwianka, der mein Interesse an der Computeralgebra geweckt hat.

Ich danke Dr. Christian Heckler für das kritische Korrekturlesen und für seine vielen Anregungen und die fruchtbaren Diskussionen.

Herrn Prof. Dr. Benno Fuchssteiner bin ich dankbar für die freundliche Förderung dieser Arbeit.

Paderborn im Dezember 1996,
Holger Naundorf

Vorwort

Viele moderne Programmiersprachen und insbesondere alle Computeralgebra-Systeme entheben den Programmierer von der Aufgabe der Deallokation nicht mehr benötigten Speichers. Dies erleichtert die Benutzung erheblich und hilft, eine große Anzahl von Fehlern zu vermeiden.

Entscheidender allerdings ist noch, daß es für den Programmierer unmöglich ist zu wissen, wann ein Speicherbereich wirklich freigegeben werden muß, wenn dieser von verschiedenen Stellen aus benötigt wird und sich die Anzahl dieser Stellen während des Programms ändern kann.

Beim Programmieren ist deshalb eine Schnittstelle unverzichtbar, die dem Benutzer die Aufgabe abnimmt zu entscheiden, wann ein Speicherbereich wirklich freigegeben werden kann. Eine solche Schnittstelle nennt man Garbage Kollektor oder einfach Kollektor.

Obwohl die existierende Hardware in sehr kurzen Zyklen verbessert wird, gibt es viele Anwendungen, bei denen die Rechenleistung oder der vorhandene Speicherplatz für eine Lösung in angemessener Zeit nicht ausreichen. Unabhängig von der Entwicklung der Hardware wird es solche Probleme immer geben. Eine natürliche Methode, sowohl die Rechenleistung als auch den zur Verfügung stehenden Speicher zu erhöhen, ist die Benutzung von parallelen und verteilten Rechnern. Insbesondere verteilte Rechner haben den Vorteil, daß sich ihre Rechenleistung und der benutzbare Speicher beinahe beliebig skalieren läßt.

Bei der Lösung sehr speicherplatzintensiver Probleme sollte möglichst das mehrmalige Speichern von Daten auch auf verteilten Rechnern vermieden werden. Dies bedeutet, daß von allen verteilten Rechnern eine Art gemeinsamer Speicher benutzt werden muß.

In diesem Buch wird eine Schnittstelle vorgestellt, die sowohl für die Freigabe von Speicher als auch für den Zugriff auf einen möglicherweise virtuellen gemeinsamen Speicher benutzt werden kann. Diese Schnittstelle ist Grundlage des Computeralgebra-Systems MuPAD.

Inhaltsverzeichnis

Abbildungsverzeichnis

Tabellenverzeichnis

Kapitel 1

Einleitung

Viele moderne Programmiersprachen und insbesondere alle Computeralgebra-Systeme entheben den Programmierer von der Aufgabe der Deallokation nicht mehr benötigten Speichers. Dies erleichtert die Benutzung erheblich und hilft, eine große Anzahl von Fehlern zu vermeiden.

Entscheidender allerdings ist noch, daß es für den Programmierer unmöglich ist zu wissen, wann ein Speicherspereich wirklich freigegeben werden muß, wenn dieser von verschiedenen Stellen aus benötigt wird und sich die Anzahl dieser Stellen während des Programms ändern kann. Ermöglicht ein System Unique Data Representation[1] wie dies funktionale Sprachen, aber auch Computeralgebra-Systeme können, so wird ein Speicherbereich häufig von vielen Stellen aus benötigt.

Beim Programmieren ist deshalb eine Schnittstelle unverzichtbar, die dem Benutzer die Aufgabe abnimmt zu entscheiden, wann ein Speicherbereich wirklich freigegeben werden kann. Eine solche Schnittstelle nennt man Garbage Kollektor oder einfach Kollektor.

Die Schnittstelle, die ein Kollektor benötigt, ist sehr einfach — im Wesentlichen wird lediglich eine Funktion zum Allokieren eines Speicherbereichs, einer Zelle benötigt. Abhängig vom zugrundeliegenden Konzept des Kollektors werden dann noch Funktionen benötigt, um dem Kollektor das Freigeben von nicht mehr benutzten Zellen zu ermöglichen. Bei Referenzzähl-Kollektoren muß dem Kollektor jeweils mitgeteilt werden, wenn eine Zelle von einer Stelle aus nicht mehr benötigt wird[2]. Bei Tracing-basierten Kollektoren muß dem Kollektor die Menge der noch direkt vom Programm benutzten Zellen — das Root Set — dem Kollektor bekannt gemacht werden[3]. Der Kollektor bestimmt dann selbständig, welche Zellen noch benötigt werden können und gibt nur die Zellen frei, die mit Sicherheit nicht mehr benötigt werden.

[1]Bei der Unique Data Representation werden mehrere Instanzen des gleichen Datums nur einmal physikalisch gehalten. Dies erniedrigt den Speicherbedarf eines Systems, da verschiedene Instanzen im gleichen Speicher gehalten werden und erhöht die Geschwindigkeit, da Gleichheit häufig bereits durch einen Zeigervergleich erkannt werden kann.

[2]Auch wenn eine Zelle von einer Stelle aus nicht mehr benötigt wird, bedeutet dies nicht, daß die Zelle gar nicht mehr benötigt wird, die Zelle wird also nicht notwendiger Weise wirklich freigegeben.

[3]Dies Bekanntmachen muß nicht explizit erfolgen. Viele Kollektoren suchen sich die Information über das Root Set aus dem Laufzeitstack des Programms. Wurden die Zeiger vom Programm im Laufzeitstack allerdings nicht explizit durch sogenannte Tags gekennzeichnet, so kann der Kollektor das Root Set nicht genau bestimmen. Dies schränkt die möglichen Implementationen des Kollektors ein. Falls der Compiler nicht Zeiger auf die direkt benötigten Zellen speichert, sondern nur Offsets ablegt, ist nicht einmal die Bestimmung einer Obermenge des Root Sets möglich.

Obwohl die existierende Hardware in sehr kurzen Zyklen verbessert wird, gibt es viele Anwendungen, bei denen die Rechenleistung oder der vorhandene Speicherplatz für eine Lösung in angemessener Zeit nicht ausreichen. Unabhängig von der Entwicklung der Hardware wird es solche Probleme immer geben. Eine natürliche Methode, sowohl die Rechenleistung als auch den zur Verfügung stehenden Speicher zu erhöhen, ist die Benutzung von parallelen und verteilten Rechnern. Insbesondere verteilte Rechner haben den Vorteil, daß sich ihre Rechenleistung und der benutzbare Speicher beinahe beliebig skalieren lassen.

Bei der Lösung sehr speicherplatzintensiver Probleme sollte möglichst das mehrmalige Speichern von Daten auch auf verteilten Rechnern vermieden werden. Dies bedeutet, daß von allen verteilten Rechnern eine Art gemeinsamer Speicher benutzt werden muß. Dieser gemeinsame Speicher kann vom Programm explizit simuliert werden, dies scheint aber sehr aufwendig. Eine weitere Möglichkeit besteht darin, daß das Programm auf den Speicher nur mit Hilfe einer Schnittstelle zugreift und diese Schnittstelle auf einem verteilten Rechner einen gemeinsamen Speicher simulieren kann.

Da das Allokieren und Freigeben sowie der Zugriff auf Speicher sehr eng miteinander verwandt sind, sollte eine gemeinsame Schnittstelle für diese beiden Aufgaben existieren. Dies ist insbesondere unter dem Gesichtspunkt wichtig, daß die Freigabe des nicht mehr benötigten Speichers auch auf verteilten Systemen effizient durchführbar sein muß.

Damit ein Programm, das eine Schnittstelle benutzt, auf einem Rechner laufen kann, muß die Schnittstelle auf diesem Rechner implementiert sein. Damit ein Programm auf jedem Rechner lauffähig ist, muß die Schnittstelle auf jeder Hardware — insbesondere auch ohne jede Hardware-Unterstützung — implementiert werden können.

Um die Portierung der Schnittstelle sehr einfach zu gestalten, darf die Implementation der Schnittstelle keinerlei Modifikation der benutzten Compiler oder des zugrundeliegenden Betriebssystems erfordern.

Bei der Entwicklung des Computeralgebra-Systems MuPAD wurden all diese Forderungen aufgestellt und gemäß dieser Forderungen wurde die Schnittstelle **MAMMUT** entwickelt. Da MuPAD in der Programmiersprache C entwickelt wurde, handelt es sich bei **MAMMUT** um eine C-Schnittstelle.

Da der normale C-Compiler nur schwer zu beeinflussen ist, der C-Compiler selbst nicht verändert werden durfte und zudem keine bestimmte Hardware vorausgesetzt werden konnte, muß der Programmierer bei der Benutzung von **MAMMUT** eine Reihe von Regeln einhalten. Bei Benutzung einer anderen Sprache wie z.B. C++ hätte die Schnittstelle stark vereinfacht werden können, es stellt sich allerdings die Frage, ob dies nicht zu Lasten der Laufzeit gegangen wäre.

MAMMUT sollte auch auf einem verteilten Rechner effizient implementierbar sein, und ein Großteil der Garbage Kollektoren für verteilte Rechner baut auf Referenzzähl-Kollektoren auf. Da der C-Compiler kaum zu beeinflussen ist, kann es nicht erreicht werden, daß die Zeiger, die auf dem Laufzeitstack gespeichert werden, mit besonderen Informationen versehen, getagged werden, um sie von normalen Daten zu unterscheiden. Zudem kann es C-Compiler geben, die nicht Zeiger, sondern nur Offsets auf dem Laufzeitstack speichern, so daß nicht einmal eine Obermenge des Root Sets durch Untersuchung des Laufzeitstacks bestimmt werden kann[4]. Ein fortwährendes Bekanntmachen des Root Set durch den Programmierer ist zum einen sehr

[4] Ein solcher Compiler ist dem Autor nicht bekannt.

programmierintensiv und fehlerträchtig, zum anderen laufzeitintensiv. **MAMMUT** muß deshalb die Möglichkeit[5] bieten, einen Referenzzähl-Kollektor zu implementieren[6].

Dieses Buch enthält eine ausführliche Beschreibung der **MAMMUT**-Schnittstelle, die sowohl den MuPAD-Entwicklern als auch externen Entwicklern, die die von MuPAD angebotene Modul-Schnittstelle verwenden möchten, eine Benutzung ermöglicht. Die Beschreibung ermöglicht es auch externen Entwicklern, **MAMMUT** selbst zu implementieren oder in eigenen Projekten einzusetzen. Das Buch ist folgendermaßen gegliedert:

Im zweiten Kapitel wird ein Überblick über existierende Algorithmen zur Freigabe von Speicher gegeben, damit der Leser einen Eindruck von den heutigen Möglichkeiten gewinnt. Dabei wird sowohl auf Algorithmen eingegangen, die lediglich für einen Prozeß geeignet sind, als auch auf Algorithmen für parallele und verteilte Systeme.

Im dritten Kapitel wird die **MAMMUT**-Schnittstelle intuitiv beschrieben, wobei die Funktionen sinngemäß aufgeführt werden.

Das vierte Kapitel dient zur Veranschaulichung der Benutzung der **MAMMUT**-Schnittstelle und den verschiedenen Möglichkeiten der Benutzung. Dazu werden konkrete Programme zu 3 verschiedenen Problemen präsentiert.

Im fünften Kapitel wird die **MAMMUT**-Schnittstelle sowohl formal als auch informal beschrieben, die Funktionen werden in alphabetischer Reihenfolge aufgeführt. Die formale Schnittstelle wird für den normalen Programmierer höchstens in Ausnahmefällen interessant sein, ist aber wichtig, wenn die Schnittstelle neu implementiert werden soll.

Im Anhang A werden die Funktionen der **MAMMUT**-Schnittstelle in Tabellen nach verschiedenen Kriterien zusammengefaßt, um einen schnellen Überblick zu ermöglichen.

Im Anhang B schließlich werden die existierenden Implementierungen kurz beschrieben und insbesondere auf ihre Besonderheiten eingegangen.

---

[5]Bei entsprechenden Voraussetzungen eines bestimmten Compilers kann **MAMMUT** auch durch einen anderen Kollektor implementiert werden.

[6]Die explizite Freigabe von nicht mehr benötigten Daten ist allerdings auch programmierintensiv und fehleranfällig, so daß die Schnittstelle Möglichkeiten der komfortablen Fehlersuche anbieten muß.

Kapitel 2

Grundlagen der Garbage Collection

In diesem Kapitel werden kurz die grundlegenden Konzepte von Garbage Collection mit passiven Zellen[1] auf sequentiellen, parallelen und verteilten Rechnern beschrieben. Viel ausführlicher wird in [15, 12] auf dieses Thema eingegangen[2]. Eine vollständigere Beschreibung sequentieller Techniken ist in [86, 88] enthalten. In [88] wird eine zumeist besprochene Literaturliste mit über 150 Literaturhinweisen gegeben, die einen Großteil der erschienenen Literatur abdeckt und einen Überblick über die Geschichte der Garbage Collection gibt. Einen Überblick über Garbage Collection in verteilten Systemen wird in [2, 67] gegeben.

Eine Möglichkeit der Garbage Collection mit aktiven Zellen wird z.B. in [80, 69, 47] beschrieben.

2.1 Grundkonzept

Während der Rechnung eines Programms müssen Daten gespeichert werden. Viele dieser Daten können in lokalen Variablen von Funktionen gespeichert werden, die nur solange existieren, wie die Funktion abgearbeitet wird. Solche Daten werden häufig auf dem Stack gespeichert[3].

Es gibt allerdings auch Daten, die die Lebenszeit von Funktionen überdauern und deshalb nicht auf dem Stack gespeichert werden können. Solche Daten werden in einem gesonderten Speicherbereich, dem Heap, gespeichert. Auf diese Daten wird mit Hilfe von Zeigern verwiesen. Um Daten im Heap speichern zu können, muß ein Speicherblock aus dem Heap, im folgenden meistens Zelle genannt, angefordert werden. Zu diesem Zweck muß eine entsprechende Funktion angeboten werden.

Auch die auf dem Heap gespeicherten Daten werden zu irgendeinem Zeitpunkt nicht mehr benötigt. Da immer wieder neue Zellen angefordert werden und da der Heap nicht unbegrenzt

[1] Passive Zellen können nicht von sich aus Aktionen durchführen, es handelt sich lediglich um Daten. Aktive Zellen dagegen können eigenen Aktionen ausführen — Beispiele für aktive Zellen sind Prozesse und Actors [4].

[2] Diese beiden Proceedings haben als Grundlage für dieses Kapitel gedient.

[3] Beim Compilieren mit Continuations wird auf solche Daten und auf den Stack völlig verzichtet [7].

groß ist, müssen die Zellen, die nicht mehr benötigte Daten enthalten, wiederverwendet werden. Es besteht also die Notwendigkeit, nicht mehr benötigte Zellen zu identifizieren.

Eine Möglichkeit dieser Identifikation besteht darin, diese Aufgabe dem Programmierer zu überlassen. Durch Aufruf einer entsprechenden Funktion bestimmt der Programmierer, daß eine Zelle nicht mehr benötigt wird. Diese Technik wird in Sprachen wie C, C++ oder PASCAL benutzt.

Ein großes Problem dabei ist allerdings, daß der Programmierer in der Regel gar nicht entscheiden kann, ob eine Zelle noch benötigt wird, da Zellen in vielen Fällen von vielen verschiedenen, sich dynamisch ändernden Stellen aus benötigt werden.

Im folgenden wird beschrieben, welche Möglichkeiten es gibt, trotz dieses Problems die nicht mehr benötigten Zellen zu identifizieren. Abhängig vom verwendeten Konzept muß der Programmierer dabei Hilfestellung leisten oder nicht.

2.2 Zwei-Phasen-Abstraktion

Garbage Collection gibt automatisch Speicher frei, auf den mit Sicherheit nie wieder zugegriffen wird. Dieser Speicher wird als Garbage bezeichnet. Der Speicher, der von Garbage-Kollektoren freigegeben wird, ist immer Speicher aus dem sogenannten Heap und niemals Speicher vom Stack eines Rechners. Die grundlegende Funktion eines Garbage Collectors besteht, abstrakt gesprochen, aus zwei Teilen.

1. Unterscheidung der lebendigen Zellen vom Garbage, oder Garbage Detection, und
2. Freigabe des durch den Garbage, die nicht mehr benötigten Zellen, belegten Speicherplatzes, so daß das Programm diesen wieder verwenden kann.

Als lebendig werden dabei genau die Zellen im Speicher angesehen, die von den Variablen des Programms, dem sogenannten Root Set, auf direktem oder indirektem Weg erreicht werden können. Auf die anderen Zellen kann das Programm nicht mehr zugreifen, da es keinen Zeiger auf eine solche Zelle finden kann. Deshalb werden die nicht lebendigen Zellen nicht mehr benötigt, sind somit Garbage und können wiederverwendet werden[4]. In Abbildung 2.1 sind die weißen Zellen die lebendigen Zellen, während die grauen Zellen die nicht lebendigen Zellen sind[5]

In der Praxis können die beiden Phasen funktional oder zeitlich verzahnt sein, und die Technik der Speicherfreigabe hängt stark von der Technik der Garbage Detection ab.

2.3 Zellen-Repräsentation

Eine Zelle ist lebendig, wenn sie direkt oder über andere Zellen von einem Element des Root Sets erreicht werden kann. Um feststellen zu können, ob eine Zelle auf indirektem Weg erreichbar ist, muß der Garbage-Kollector von jeder Zelle bestimmen können, welche Zeiger diese enthält.

---

[4] Repräsentiert eine solche Garbage Zelle allerdings ein File, so ist es sinnvoll, dieses File vor dem Löschen der Zelle zu schließen. Dies ist mit dem allgemeineren Konzept der Finalization (siehe 2.15) möglich.

[5] Die hellgraue Zelle wird von vielen Kollektoren — den konservativen Kollektoren — nicht als nicht lebendig erkannt werden, da im Stack ein Integer-Wert gespeichert ist, der auf diese Zelle zeigt, wenn er als Zeiger interpretiert wird.

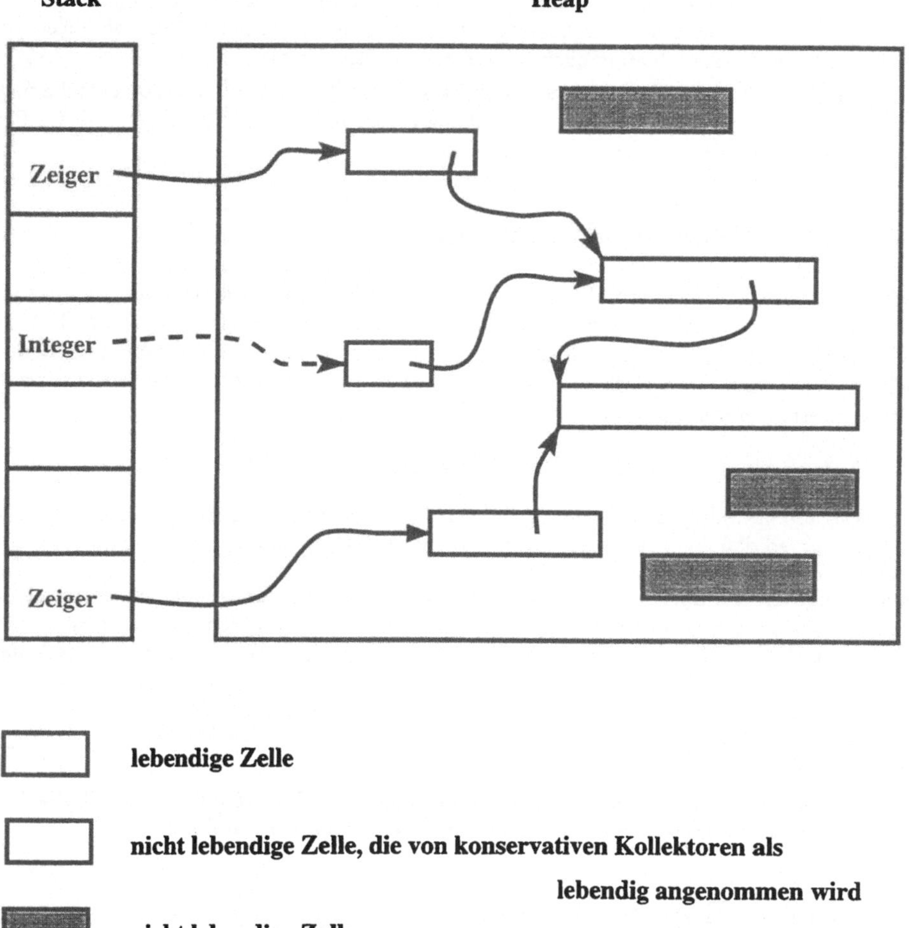

Abbildung 2.1: Typischer Zustand eines Speichers während eines Programmlaufs

Dynamisch getypte Sprachen wie Lisp und Smalltalk, aber auch Implementationen von statisch getypten Sprachen wie ML [7], benutzen üblicherweise tagged Zeiger. Ein solcher Zeiger benutzt nicht alle Bits einer Hardware-Adresse zur Repräsentation einer Adresse, sondern enthält an bestimmten Bits eine Bitkombination, die diesen Wert als Zeiger auszeichnet und von anderen kurzen Objekten wie Integern unterscheidet. So können Zeiger z.B. dadurch gekennzeichnet sein, daß das unterste Bit stets den Wert 1 hat, während Integer dadurch gekennzeichnet sind, daß das unterste Bit immer den Wert 0 hat[6].

Implementationen von statisch getypten Garbage Collected Programmiersprachen haben häufig versteckte „Header“ für Heap-Objekte, d.h. ein zusätzliches Feld, das die Typinformation enthält und das benutzt werden kann, um das Format des Objekts, das in der Zelle gespeichert ist, zu kodieren.

Für rein statisch getypte Sprachen ist eigentlich keine Laufzeit-Typinformation für jedes Objekt notwendig, sondern lediglich die Typen der Elemente des Root Sets müssen bekannt sein. Aus dieser Information kann sukzessive auf die Typen der Zellen geschlossen werden, auf die gezeigt wird [6, 34]. Trotzdem werden auch für solche Sprachen häufig Header verwendet, da dies die Implementation mit geringen Kosten vereinfacht.

Weiterhin ist es möglich, daß Zeiger auf andere Zellen nur innerhalb eines bestimmten Bereichs innerhalb einer Zelle gespeichert sein können. Dies wird z.B. in [13] aber auch in MAMMUT benutzt.

Sowohl für dynamisch wie für statisch getypte Sprachen ist es sinnvoll, die Menge der Zellen zumindest in 2 Kategorien zu unterteilen:

1. Zellen mit Zeigern: In einer solchen Zelle können sowohl Zeiger als auch Nicht-Zeiger gespeichert sein. Die Zeiger können von den Nicht-Zeigern mit Hilfe von Tags oder bei statisch getypten Sprachen mit Hilfe der Informationen über den statischen Typ (der möglicherweise aus dem Header der Zelle gelesen wird) unterschieden werden.

2. Zellen ohne Zeiger: In einer solchen Zelle können keine Zeiger gespeichert werden. Dies bedeutet, daß diese Zelle vom Garbage-Kollector gar nicht untersucht werden muß und daß alle Werte ohne Berücksichtigung von Tags gespeichert werden können. Dies ist insbesondere sinnvoll für Strings, Gleitkommazahlen, Arrays von Gleitkommazahlen und Maschinen-Code.

Auch diese Information kann in einem Header gespeichert werden. Anstatt jede Zelle mit einem eigenen Header zu versehen, ist es auch möglich, viele Zellen mit dem gleichen Header in bestimmten Speicherbereichen zusammenzufassen und dem Speicherbereich einen Header zuzuordnen. Soll der Header einer Zelle bestimmt werden, so muß also der Header des Speicherbereichs bestimmt werden, in dem diese Zelle lokalisiert ist [38]; dies wird als BIBOP, als BIg-Bag-Of-Pages-Schema bezeichnet.

2.4 Verschieben von Zellen

Einige Garbage-Kollektoren verschieben während der Collection die Zellen im Speicher. Üblicherweise werden die Zellen so verschoben, daß alle lebendigen Zellen direkt aufeinanderfol-

[6] Allerdings müssen wegen der veränderten Repräsentation von den Zeigern oder den kurzen Objekten die Operationen auf diesen entsprechend angepaßt werden. Größere Objekte wie z.B. Floating-Point-Zahlen müssen zudem in Bereichen gespeichert werden, in denen sicher keine Zeiger gespeichert sind.

gend im Speicher liegen, d.h. keine nicht lebendigen Zellen zwischen zwei lebendigen Zellen liegen, und daß der freie Speicher durch einen großen Block gegeben ist.

2.4.1 Vorteile

Keine Fragmentation

Werden Zellen im Speicher allokiert und wieder freigegeben, so kann es durch die verschiedene Lebensdauer von Zellen passieren, daß insgesamt ein großer Teil des Speichers nicht benutzt wird, es aber keinen größeren zusammenhängenden freien Speicherbereich gibt — der Speicher ist fragmentiert. Dadurch kann es passieren, daß eine Speicherzelle nicht allokiert werden kann, obwohl eigentlich genügend freier Speicher vorhanden ist. So kann in dem in Bild 2.2 skizzierten Beispiel keine Zelle der geforderten Größe allokiert werden, obwohl weniger als ein fünftel des zur Verfügung stehenden Speicherplatzes genutzt wird und der freie Speicherbereich insgesamt wesentlich größer als der benötigte Speicherplatz ist.

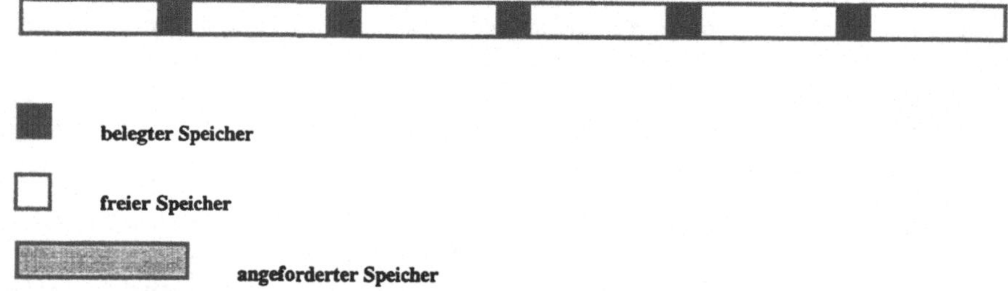

Abbildung 2.2: Allokation kann wegen Fragmentation des Speichers nicht mehr durchgeführt werden.

Kopiert ein Kollektor alle lebendigen Zellen in einen zusammenhängenden Bereich, so ist der Speicher nach einer Garbage Collection nicht mehr fragmentiert und so können keine Speicherlöcher auftreten, die nicht mehr belegt werden können. Außerdem konzentrieren sich die lebendigen Zellen auf relativ wenigen Speicherseiten, die dann vom Betriebssystem besser ständig im Hauptspeicher gehalten werden können. Auf diese Weise wird die Anzahl der Page Faults[7], die ein Nachladen von virtuellen Seiten von der Platte benötigen, minimiert.

Dieser Effekt ist allerdings nicht so ausgeprägt, wie man es sich vielleicht erhofft, da Speicherobjekte ohnehin dazu neigen, in Gruppen zu überleben [39].

Schnelle Allokation

Wenn der freie Speicherbereich als ein großer durchgehender Bereich zur Verfügung steht, kann eine Zelle einfach allokiert werden, indem vom Anfang dieses freien Speicherbereichs ein entsprechend großes Stück genommen wird. Dies kann durch einfache Zeigerarithmetik

[7] Viele Betriebssysteme halten nicht alle Daten eines Programms im Hauptspeicher, sondern speichern einen Teil auf externen Speichermedien — sie benutzen einen virtuellen Speicher. Dazu ist der Speicher eines Programms in Seiten (Pages) aufgeteilt, die entweder vollständig im Hauptspeicher oder vollständig auf dem externen Medium vorliegen. Greift das Programm auf eine ausgelagerte Seite zu, so tritt ein Page Fault auf (durch Hardware ausgelöst), der das Betriebssystem veranlaßt, die benötigte Seite in den Hauptspeicher zu laden. Der Vorgang des Ein- und Auslagerns von Seiten wird Swapping genannt.

durchgeführt werden und benötigt keine Listen von freien Speicherbereichen, in denen nach einem entsprechend großen freien Speicherbereich gesucht werden muß.

Allerdings kann man spezielle Listen für kleine Speicherbereiche halten, aus denen das Allokieren auch sehr schnell geht. Große Speicherbereiche werden in der Regel nur relativ selten angefordert, so daß eine langsamere Allokation für diese bei der Gesamtlaufzeit nicht ins Gewicht fällt. Die ohnehin notwendige Initialisierung eines großen Speicherbereichs wird zudem die Kosten der Allokation einer großen Zelle bei weitem überschreiten[8].

2.4.2 Nachteile

Root Set

Werden Speicherzellen im Speicher verschoben, so müssen die Zeiger auf und auch in diese Speicherzellen entsprechend verändert werden.

Damit alle diese Zeiger verändert werden können, muß eine Obermenge aller dieser Zeiger bekannt sein. Dies ist bei den meisten Compilern[9] kein Problem, da durch Untersuchung des Laufzeitstacks und einiger statischer Bereiche, in denen der Compiler Informationen ablegt, eine Obermenge dieser Zeiger identifiziert werden kann. In den meisten Fälle wird es sich dabei um eine echte Obermenge handeln, da bei einer Untersuchung des Stacks die Typen der Werte auf dem Stack nicht bekannt sind und deshalb z.B. auch Integer, die einen Wert haben, der einem sinnvollen Zeigerwert entspricht, als Zeiger interpretiert werden müssen. So muß auch in Abbildung 2.1 der Integer-Wert auf dem Stack als gültiger Zeiger angenommen werden. Dadurch muß auch die hellgraue Zelle als lebendig angenommen werden.

Schlimmer ist, daß keine Werte verändert werden dürfen, die nicht Zeiger auf oder in die verschobenen Zellen sind. D.h. die Menge dieser Zellen muß exakt bekannt sein, und dies ist nicht durch Untersuchung des Stacks durchzuführen. Garbage-Kollektoren, die auf Kopieren basieren, können also nicht eingesetzt werden, wenn das Programm selbst dem Garbage-Kollektor wenig oder gar keine Informationen über Zeiger auf oder in Zellen bereitstellt. Eine Verschiebung der hellgrauen Zelle hätte eine Veränderung des Integers auf dem Stack zur Folge, die allerdings nicht korrekt wäre[10].

Dieses Problem kann allerdings durch den Einsatz von Mostly-copying Kollektoren [13] (siehe 2.9) behoben werden, indem nur Zellen verschoben werden, auf die mit Sicherheit nicht direkt aus dem Stack verwiesen wird. Ein solcher Kollektor kann sowohl mit Generationen [14, 89] (siehe 2.11) als auch inkrementell [89] (siehe 2.12) arbeiten.

Zugriff auf ausgelagerte virtuelle Seiten

Soll eine Zelle kopiert werden, so muß auf die Zelle zugegriffen werden. Handelt es sich um eine Zelle, auf die nur sehr selten zugegriffen wird, so ist es wahrscheinlich, daß die Speicherseite, in der die Zelle liegt, nicht im Hauptspeicher gehalten wird, sondern auf Platte ausgelagert ist. Um die Zelle zu kopieren, muß die Seite in den Hauptspeicher geladen werden, obwohl dies viel Zeit kostet. Wenn Garbage Collections wesentlich häufiger durchgeführt werden,

[8] Die Kosten für die Initialisierung einer großen Zelle steigen mindestens linear mit der Größe der Zelle.

[9] Es kann optimierende Compiler geben, die nicht direkt die Zeiger sondern nur Offsets ablegen. Dann ist das Root Set mit Hilfe des Stack kaum zu bestimmen.

[10] Garbage-Kollektoren, die lediglich eine Obermenge des Root Set benötigen, werden konservative Garbage-Kollektoren genannt, da sie sehr zurückhaltend, konservativ mit den Informationen, was Garbage ist und was nicht, umgehen [19, 84].

als vom Programm auf diese Seite zugegriffen wird, wird diese Seite unnötig häufig in den Hauptspeicher geladen, was sehr viel Zeit kosten kann.

Dieses Problem wird von Generational Garbage-Kollektoren teilweise gelöst (siehe 2.11). Problematisch bleibt dann, daß durch das Kopieren Zellen, auf die selten zugegriffen wird und die deshalb aus dem Hauptspeicher verdrängt werden dürften, direkt neben Zellen gelegt werden können, auf die häufig zugegriffen wird, die also nicht aus dem Hauptspeicher verdrängt werden dürfen.

Diese Problem wird teilweise von Sliding Compactor Kollektoren [78] (siehe 2.7) gelöst, die die Reihenfolge von lebendigen Zellen im Speicher nicht vertauschen, sondern die lebendigen Zellen nur im unteren Bereich des Speichers zusammenschieben.

2.5 Referenzzähl-Kollektor

In einem Referenzzähler-System [22] gehört zu jeder Zelle ein Wert, der angibt, von wievielen Stellen aus auf diese Zelle verwiesen wird. Jedesmal, wenn ein neuer Zeiger auf eine Zelle erzeugt wird, muß der Zähler dieser Zelle erhöht werden. Wird ein existierender Zeiger auf eine Zelle gelöscht, so wird der Zähler dieser Zelle heruntergezählt. Wird der Zähler einer Zelle durch das Herunterzählen zu 0, so verweist kein Zeiger mehr auf sie, und die Zelle kann deshalb gelöscht werden. Bild 2.3 zeigt einen typischen Zustand eines Referenzzähl-Kollektors.

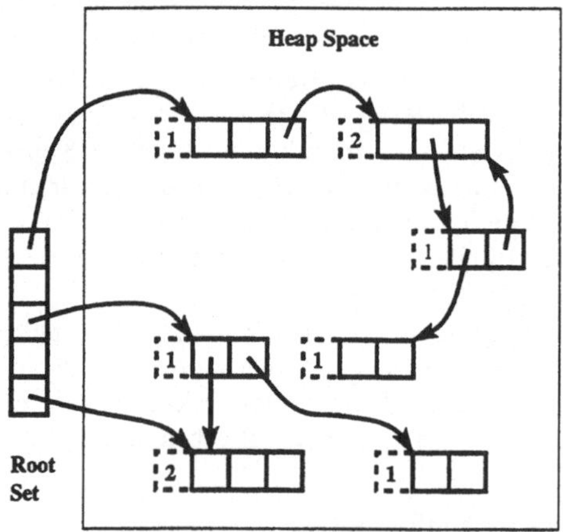

Abbildung 2.3: Typischer Zustand eines Referenzzähler-Systems

Wird eine Zelle freigegeben, so werden dadurch alle Zeiger, die in dieser Zelle gespeichert sind, auch freigegeben. D.h. die Zähler der Zellen, auf die von Zeigern in der freigegebenen Zelle verwiesen wird, werden auch heruntergezählt. Die Referenzzähler dieser Zellen können dadurch auch 0 werden, so daß rekursiv eine große Anzahl von Zellen freigegeben werden kann.

Ein großer Vorteil dieses Verfahrens ist, daß es funktioniert, ohne daß das Root Set — nicht einmal eine Obermenge des Root Set — bekannt ist. Bei Verwendung dieser Technik ist es deshalb nicht notwendig, immer nachzuhalten, welche Zeiger zum Root Set gehören.

Nachteilig ist allerdings, daß dem Garbage-Kollektor immer mitgeteilt werden muß, wenn ein Zeiger nicht mehr benötigt wird, d.h. der entsprechende Zähler dekrementiert werden muß. Wird Code durch einen Compiler erzeugt, der diese Freigaben selbständig einfügen kann, so ist dies kein Problem — dann kann der Compiler in der Regel allerdings auch das genaue Root Set bestimmen, und andere Techniken können verwendet werden. Müssen die Freigaben vom Programmierer eingebaut werden, so ist dies sehr fehleranfällig.

Ein weiterer Vorteil ist, daß immer nur auf den momentan wirklich benutzten Daten gearbeitet wird, so daß keine langen Zeiten entstehen, in denen die Speicherverwaltung nur für sich arbeitet. Deshalb ist diese Art von Kollektoren gut zur Programmierung von Realzeit-Systemen geeignet[11].

Mit Hilfe des Referenzzählers ist zu jedem Zeitpunkt bekannt, ob noch andere Zeiger auf eine Zelle verweisen. Diese Information kann benutzt werden, wenn der Inhalt einer Zelle verändert werden soll, ohne daß dadurch Seiteneffekte auftreten, d.h. ohne daß sich dadurch der Inhalt von Zellen ändert, auf den auch andere Zeiger verweisen. Zeigt auf eine Zelle nur ein einziger Zeiger, so braucht diese Zelle vor einer Veränderung des Inhalts nicht kopiert zu werden.

Ein großes Problem von Referenzzähl-Kollektoren ist, daß es Konstellationen gibt, in denen nicht mehr benötigter Speicherplatz nie wieder freigegeben wird [58]. Dies passiert, wenn Zyklen innerhalb der Zellen auftreten (siehe Bild 2.4) und danach vom Root Set nicht mehr zu erreichen sind. Jede Zelle, die innerhalb eines Zyklus auftritt oder auf die direkt oder indirekt aus einem Zyklus heraus verwiesen wird, kann durch einen einfachen Referenzzähl-Kollektor nicht wieder freigegeben werden.

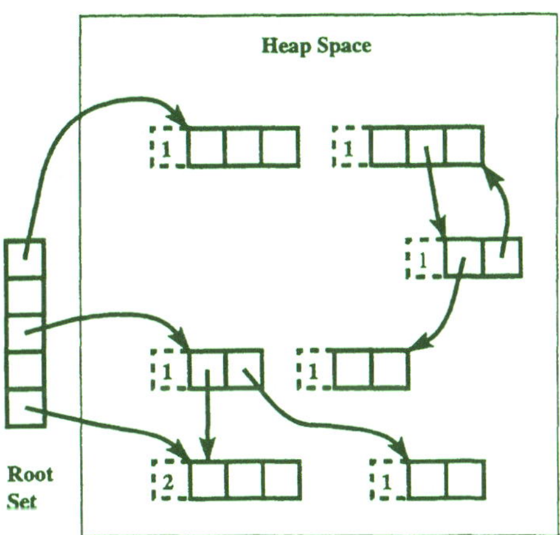

Abbildung 2.4: Zyklus, der vom Referenzzähl-Algorithmus nich mehr gelöscht wird

Eine Möglichkeit, diesem Problem zu begegnen, ist, ein Referenzzähl-Kollektor mit einem anderen Garbage-Kollector zu kombinieren, der nur zu ausgewählten Zeitpunkten benutzt wird, um die in der Zwischenzeit angefallenen unnötigen Zyklen zu löschen [28]. Referenzzählen kann auch mit 4 Farben mark-scan Garbage Collection [44] kombiniert werden.

[11] Die Freigabe eines sehr großen Datums kann sehr zeitaufwendig sein, so daß Referenzzähl-Kollektoren nicht notwendigerweise tauglich für Realzeit-Systeme sind. Durch Begrenzung der Anzahl der zu einem Zeitpunkt freigegebenen Zellen kann es aber leicht realzeitfähig gemacht werden.

Die für die Speicherverwaltung benötigte Laufzeit ist immer proportional zu den durchgeführten Kopier- und Freigabeaktionen, unabhängig davon, wieviele Zellen wirklich freigegeben werden. D.h. Programme, die sehr häufig Zellen (praktisch unnötigt) kopieren und wieder freigeben, verbrauchen viel Rechenzeit. Dieses Problem kann umgangen werden, indem nur die wirklich nötigen Kopier- und Freigabeaktionen durchgeführt werden [28]. In einem System, in dem das Kopieren und Freigeben von einem Programmierer durchgeführt werden muß, ist der effiziente Umgang mit Kopier- und Freigabeaktionen bereits durch die Bequemlichkeit des Programmierers gewährleistet.

Erweiterungen des Konzepts des Referenzzählens können als Kollektoren in verteilten Systemen benutzt werden (siehe 2.14).

2.6 Mark-Sweep-Kollektor

Mark-Sweep Kollektoren[12] sind nach den bereits beschriebenen zwei Phasen des abstrakten Garbage Collection Algorithmus benannt:

1. *Unterscheiden der lebendigen Zellen.* Dies wird erreicht, indem von einer Obermenge des Root Set ausgehend die erreichbaren Zellen durchlaufen und dabei markiert werden. Als Durchlaufkonzept wird in der Regel Tiefen- oder Breitensuche verwendet.

2. *Freigabe des Garbage.* Nachdem alle lebendigen Zellen markiert worden sind, steht fest, daß alle nicht markierten Zellen Garbage sind und deshalb freigegeben werden können.

Die Zeit, die für einen Mark und Sweep benötigt wird, ist proportional zu der Summe der lebendigen und der nicht mehr benötigten Zellen. Da es Kollektoren gibt, deren Laufzeit nur proportional zu den lebendigen Zellen ist, kann dieser Kollektor sehr ineffizient sein, wenn die Anzahl der lebendigen Zellen sehr klein ist im Vergleich zu den nicht mehr benötigten Zellen.

2.7 Mark-Compact-Kollektor

Mark-Compact Kollektoren, die auch *Sliding Compactor*-Kollektoren genannt werden, beheben das bei Mark-Sweep Kollektoren wie bei allen nicht kopierenden Kollektoren auftretende Problem der Speicherfragmentation und des langsamen Allokierens mit Hilfe von Listen freier Speicherbereiche. Genau wie beim Mark-Sweep Algorithmus werden in der Mark-Phase alle lebendigen Zellen markiert. Danach werden die lebendigen Zellen kompaktifiziert, indem ein Großteil dieser Zellen entsprechend im Speicher verschoben wird.

Dadurch bleibt der freie Speicher als ein großer durchgehender Speicherbereich zurück, wobei die Reihenfolge der lebendigen Zellen im Speicher nicht verändert wird. Diese Eigenschaft kann z.B. für eine effiziente Implementierung von Prolog basierend auf der Warren Abstract Machine (WAM) [31, 16] benutzt werden. Diese Art der Kompaktifizierung kann auch positive Auswirkungen auf die Lokalität von Zugriffen haben.

Zu beachten ist zudem, daß bei den Implementationen kein bzw. kaum temporärer Speicher bennötigt wird, so daß der Speicher im Gegensatz zu Copying Kollektoren (siehe 2.8) völlig ausgenutzt werden kann.

---

[12] Diese Kollektoren werden häufig auch Mark-Scan Kollektoren genannt.

2.7.1 Einfache Implementation

Ein einfacher Algorithmus zum Kompaktifizieren besteht aus einem linearen Durchlauf durch den Speicher, bei dem die lebendigen Zellen aufgespürt und so weit wie möglich nach unten verschoben werden, so daß alle lebendigen Zellen im unteren Bereich des Speichers direkt aneinander grenzen.

Genau wie beim Mark-Sweep Algorithmus ist die Laufzeit proportional zu der Summe der lebendigen und der nicht lebendigen Zellen. Da es Kollektoren gibt, deren Laufzeit nur proportional zu den lebendigen Zellen ist, kann dieser Kollektor sehr ineffizient sein, wenn die Anzahl der lebendigen Zellen sehr klein ist im Vergleich zu den nicht mehr benötigten Zellen. Zusätzlich ist das Kopieren der Zellen im Speicher noch relativ aufwendig, so daß dieser Algorithmus relativ langsam ist (auch langsamer als ein Mark-Sweep Algorithmus).

2.7.2 Verbesserte Implementation

In [78] wird ein wesentlich verbesserter Algorithmus vorgeschlagen, der einen Aufwand hat, der fast linear mit dem von den lebendigen Zellen belegten Speicherplatz wächst. Zudem ist es leicht, etwas wie Generationen (siehe 2.11) einzuführen, indem der Kollektor auf den unteren Speicherbereich, den sogenannten Anchor, in dem die alten Zellen liegen, nicht angewandt wird.

Dieser Algorithmus sammelt zunächst durch einen Mark-Durchlauf alle lebendigen Zellen und schreibt Zeiger auf diese Zellen in ein Array[13]. Durch einen Durchlauf durch dieses Array werden alle Zeiger gelöscht, die auf eine Zelle zeigen, hinter der direkt noch eine weitere lebendige Zelle liegt. Das so erhaltene Array wird nach Adressen sortiert. Durch einen Rückwärtsdurchlauf werden die zusammenhängenden Bereiche von lebendigen Zellen — die sogenannten Cluster — bestimmt und zu einer verketteten Liste zusammengefügt. Mit Hilfe dieser verketteten Liste werden die Cluster und damit die lebendigen Zellen nach unten verschoben.

Laufzeitmessungen in [78] weisen ein sehr vielversprechendes Verhalten auf.

2.8 Copying Kollektor

Genau wie beim Mark-Compact-Algorithmus (aber anders als beim Mark-Sweep Algorithmus) sammelt die Copying Garbage Collection nicht wirklich Garbage, sondern verschiebt alle lebendigen Objekte in einen Speicherbereich, und der Rest des Heaps ist danach freier Speicher. Genau wie der Mark-Compact benötigt dieser Algorithmus deshalb die Kenntnis des exakten Root Sets, und die Laufzeit ist proportional zur Anzahl der lebendigen Zellen und unabhängig von der Größe des Garbages.

Genau wie Mark-Compact Kollektoren verschieben Copying Kollektoren die Zellen, die beim Durchlauf erreicht wurden, in einen durchgehenden Speicherbereich. Während Mark-Compact Kollektoren eine explizite Mark-Phase benutzen, um die lebendigen Zellen zu markieren, kombinieren Copying Kollektoren den Durchlauf der lebendigen Zellen und das Kopieren dieser Zellen, so daß die meisten Zellen nur einmal durchlaufen werden müssen. Zellen werden in einen durchgehenden Speicherbereich verschoben, sobald sie von dem Durchlauf erreicht

[13] Falls die Anzahl der lebendigen Zellen zu groß ist, wird der einfache Algorithmus benutzt. Dann ist allerdings der von den lebendigen Zellen benötigte Speicher nicht wesentlich kleiner als der insgesamt zur Verfügung stehende Speicher, so daß der Algorithmus in diesem Fall trotzdem noch einigermaßen effizient ist.

werden. Die dabei durchgeführte Arbeit ist proportional zu der Menge der lebendigen Daten, die dabei alle kopiert werden müssen. Ein solcher Durchlauf wird auch häufig scavenging genannt.

An dieser Stelle wird ein einfacher *Stop-and-Copy*-Kollektor beschrieben, der mit verschiedenen Teilbereichen des Speichers arbeitet [32] und den Cheney-Algorithmus [21] für den Durchlauf benutzt.

Bei diesem Algorithmus wird der zur Verfügung stehende Speicher des Heaps in zwei durchgehende Teilbereiche aufgeteilt. Wie in Bild 2.5 angedeutet wird während des normalen Programmlaufs nur einer dieser Teilbereiche benutzt. Neue Zellen werden genau wie beim Mark-Compact Algorithmus immer vom Anfang des durchgehenden Bereichs des noch freien Speichers mit Hilfe von Zeigerarithmetik allokiert.

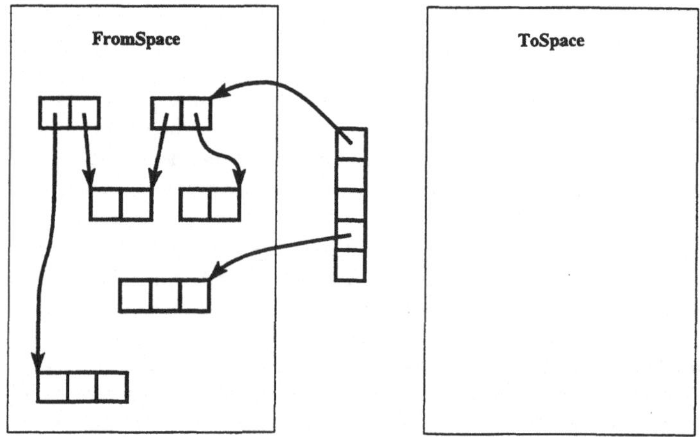

Abbildung 2.5: Teilbereiche vor einer Garbage Collection

Sobald eine Zelle angefordert wird, die nicht mehr in den aktuellen Teilbereich hereinpaßt, wird das Programm gestoppt und der Garbage-Kollector wird aufgerufen. Alle lebendigen Zellen werden vom aktuellen Teilbereich (dem sogenannten Fromspace) in den anderen Teilbereich (den sogenannten Tospace) kopiert. Nachdem alle lebendigen Zellen in den Tospace kopiert worden sind, wird der Tospace der aktuelle Teilbereich und das Programm kann mit der Ausführung fortfahren. Die Rollen der beiden Teilbereiche werden also bei jedem Aufruf des Kollektors vertauscht (siehe Bild 2.6).

Eine der einfachsten Formen des Kopierdurchlaufs ist der Cheney-Algorithmus [21]. Die direkt vom Root Set erreichbaren Zellen bilden die initiale Schlange der Zellen für einen Breitensuche-Durchlauf. Ein „scan“-Zeiger geht durch die erste Zelle Zeiger für Zeiger hindurch. Jedesmal, wenn ein Zeiger in den Fromspace gefunden wird, prüft der Algorithmus, ob die Zelle schon kopiert worden ist. Falls dies nicht der Fall ist, kopiert der Algorithmus die Zelle, auf die verwiesen wird, an das Ende der Schlange, und der Zeiger in der gescanten Zelle wird entsprechend aktualisiert. Außerdem wird die Zelle im Fromspace als kopiert markiert und ein vorwärts-Zeiger auf die Speicherzelle im Tospace gespeichert. Zusätzlich wird der Zeiger, der auf den Anfang des freien Speicherbereichs im Tospace verweist, auf das Ende der kopierten Zelle gesetzt. Falls die Zelle dagegen schon kopiert worden war, wird der Zeiger, auf den der scan-Zeiger verweist, entsprechend dem vorwärts-Zeiger aktualisiert.

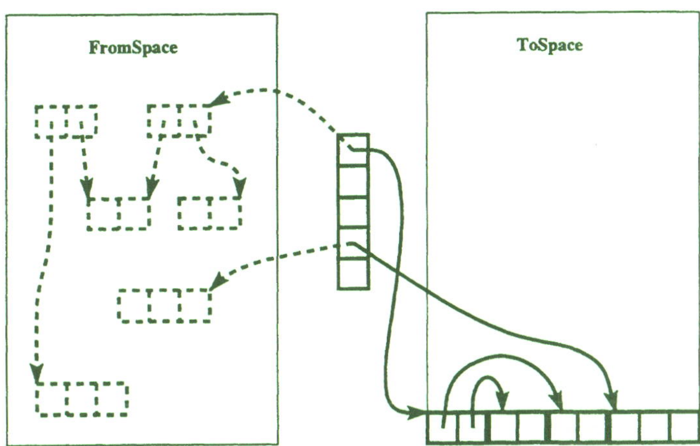

Abbildung 2.6: Teilbereiche nach einer Garbage Collection

Auf diese Weise wird eine Breitensuche implementiert, die alle lebendigen Zellen vom Fromspace in den Tospace kopiert.

Der Algorithmus wird in Bild 2.7 verdeutlicht. Die lebendigen Zellen aus dem Fromspace sind oben in dem Bild abgebildet, darunter sind einige Zustände des Tospace, wie sie beim Scan auftreten. Der Tospace wird als linearer Adressraum dargestellt.

Die Effizienz eines Copying Garbage-Kollektors hängt entscheidend von dem Speicher ab, der ihm zur Verfügung steht. Die Arbeit, die ein Copying Kollektor bei einer Garbage Collection durchführen muß, ist proportional zum lebendigen Teil der Speicherzellen. Nimmt man an, daß die Anzahl der lebendigen Zellen während der Rechnung in etwa konstant ist, so kann durch eine Vergrößerung des zur Verfügung stehenden Heaps die Anzahl der Garbage Collections vermindert werden, ohne daß der Arbeitaufwand, der bei einer Garbage Collection benötigt wird, vergrößert wird. Ein Copying Kollektor kann auf diese Weise durch zur Verfügung stellen genügend viel Speicherplatzes beliebig effizient gemacht werden [51, 5].

Ein Nachteil des vorgestellten Copying Kollektors ist, daß nur die Hälfte des zur Verfügung stehenden Heaps wirklich ausgenutzt wird.

2.9 Mostly-copying Kollektoren

Ein Nachteil von Copying Kollektoren ist, daß das Root Set exakt bekannt sein muß, damit vom Kollektor keine Werte verändert werden, die keine Zeiger sind und damit auch nicht verändert werden dürfen. Häufig ist es schwierig und zeitaufwendig, dem Kollektor das Root Set zu jedem Zeitpunkt exakt bekannt zu machen, insbesondere wenn die Zeiger nicht von einem Compiler sondern von einem menschlichen Programmierer erzeugt werden.

Dieses Problem wird vom Mostly-copying Kollektor [13] gelöst, indem zunächst eine Obermenge des Root Sets bestimmt wird. Keine Zelle, auf oder in die aus dieser Obermenge verwiesen wird, darf gelöscht oder verschoben werden. Aber die Zellen, auf die nur indirekt über Zellen im Heap gezeigt wird, werden zu einem kompakten Speicherbereich zusammengeschoben.

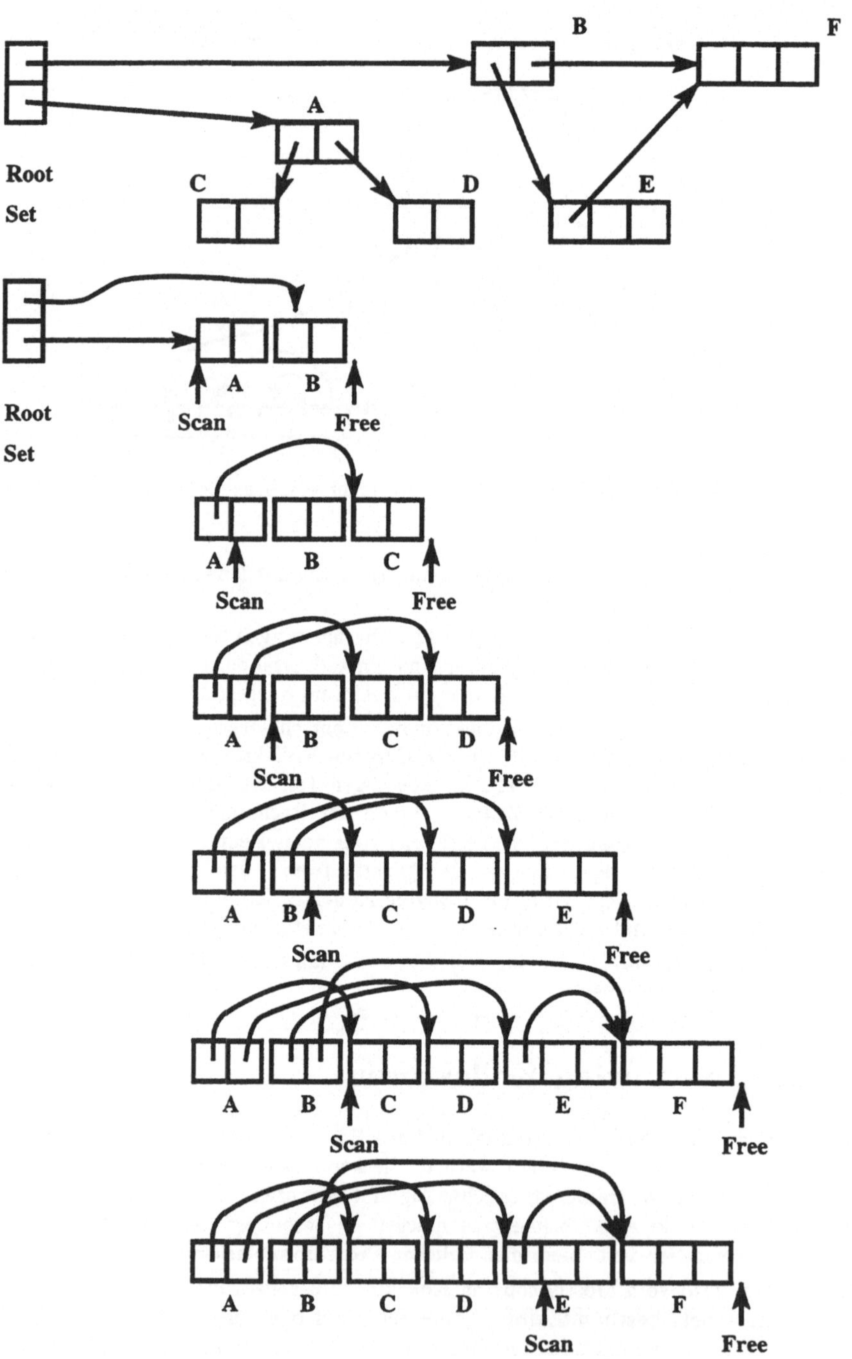

Abbildung 2.7: Der Cheney-Algorithmus

Probleme, die dieser Algorithmus aufweisen könnte sind, daß zu wenig Speicher freigegeben wird[14], da viele Nicht-Zeiger aus dem Stack als Zeiger auf nicht mehr benötigte Zellen interpretiert werden, und daß dadurch auch der Speicher nur sehr unzureichend kompaktifiziert wird. Untersuchungen in [13] deuten darauf hin, daß dies bei einer sorgfältigen Implementation keine ernsten Probleme sind.

2.10 Non-Copying Implicit Kollektor

Die beiden Teilbereiche des Heaps sind eigentlich nur eine Implementation von zwei Mengen. Eine andere Implementation der Mengen funktioniert genauso gut. Diese Erkenntnis wurde von Baker [11] ausgenutzt, um einen Kollektor vorzuschlagen, der im Prinzip wie ein Copy Kollektor arbeitet, aber die Zellen dabei nicht kopieren muß.

Dieser Algorithmus fügt jeder Zelle zwei weitere Zeiger und eine Farbe hinzu, die vom Programmierer allerdings nicht bemerkt werden. Die Zeiger werden benutzt, um die Zellen in zwei doppelt verketteten Listen zu organisieren, die die beiden Teilbereiche des Heaps repräsentieren. Die Farbe einer Zelle bestimmt, zu welcher Menge diese Zelle gehört.

Die Arbeitsweise dieses Kollektors ist einfach und völlig analog zur Arbeitsweise des Copy-Kollektors.

Da es sich bei diesem Verfahren nicht um einen Copying-Algorithmus handelt, können Probleme mit Speicherfragmentation auftreten.

Vorteilhaft ist, daß die Kosten für die Untersuchung großer Zellen kleiner sind — Zellen müssen nicht kopiert werden, und Zellen, die keine Zeiger enthalten[15], müssen nicht einmal gescannt werden.

2.11 Generational Kollektor

Hat man eine realistische Speichergröße gegeben, so wird die Effizienz von Copying-Kollektoren dadurch begrenzt, daß der Kollektor bei einer Collection alle lebendigen Zellen kopieren muß. In den meisten Programmen einer Vielzahl von Programmiersprachen leben die meisten Zellen nur eine sehr kurze Zeit, während eine kleiner Prozentsatz sehr viel länger lebt [54, 79, 75, 91, 27, 39]. Während die Zahlen von Sprache zu Sprache variieren, werden normalerweise zwischen 80 und 98 Prozent der neu erzeugten Zellen innerhalb von ein paar Millionen Instruktionen oder bevor ein weiteres Megabyte angefordert wurde, nicht mehr benötigt — der überwiegende Anteil wird sogar innerhalb von ein paar Kilobyte angeforderten Speichers nicht mehr benötigt[16]. Selbst wenn aufeinanderfolgende Garbage Collections nur wenige Kilobyte allokierten Speichers auseinander sind, braucht ein Großteil der neu angeforderten Zellen nicht kopiert zu werden. Wurde eine Zelle bereits kopiert, so ist die Wahrscheinlichkeit groß, daß sie auch beim nächsten Mal kopiert werden muß. Diese älteren Objekte werden bei jeder Collection kopiert, und der Kollektor benötigt den größten Teil der Zeit dafür, die alten Objekte zu kopieren. Dies ist der Hauptgrund für Ineffizienzen von einfachen Garbage-Kollektoren.

[14] Dieses Problem haben alle konservativen Kollektoren.

[15] Dies kann z.B. am Typ abgelesen werden.

[16] Heap-Allokationen werden oft anstatt ausgeführter Instruktionen als Maß für die Programmausführung genommen, da dies das entscheidende Kriterium ist, wann das nächste Mal eine Collection durchgeführt werden muß.

Generational Collection [54] minimiert das wiederholte Kopieren alter Zellen durch Unterteilung der Menge der Zellen in verschiedene Mengen entsprechend des Alters. Die Mengen mit älteren Zellen werden weniger häufig durchsucht als Mengen mit jungen Zellen. Mengen mit sehr jungen Zellen werden sehr häufig durchsucht, da diese meistens sehr schnell sterben[17]. Zellen, die eine bestimmte Anzahl von Collections überlebt haben, werden in eine Menge mit älteren Zellen aufgenommen.

Aus historischen Gründen und wegen der Einfachheit der Erklärung werden im folgenden nur Generational Copying Kollektoren betrachtet. Die Wahl zwischen Copying und Mark Kollektoren ist aber orthogonal zu Generational Collection [26].

2.11.1 Subheaps mit unterschiedlicher Collection-Frequenz

Bei einem Generational Garbage-Kollektor, der auf Teilbereichen des Speichers basiert, ist der Speicher in Teilheaps unterteilt, die jeweils Zellen etwa des gleichen Alters — Generationen — halten. Der Speicher jeder Generation ist selbst wieder in zwei Teilbereiche aufgespalten. Bild 2.8 zeigt ein einfaches Generational Schema mit zwei Generationen, einer jungen und einer alten Generation. Neue Zellen werden in der neuen Generation allokiert, bis dieser Teilbereich voll ist. Dann wird in der jungen Generation (und nur in der jungen Generation) eine Garbage Collection durchgeführt, bei der die lebendigen Zellen in den anderen Teilbereich kopiert werden.

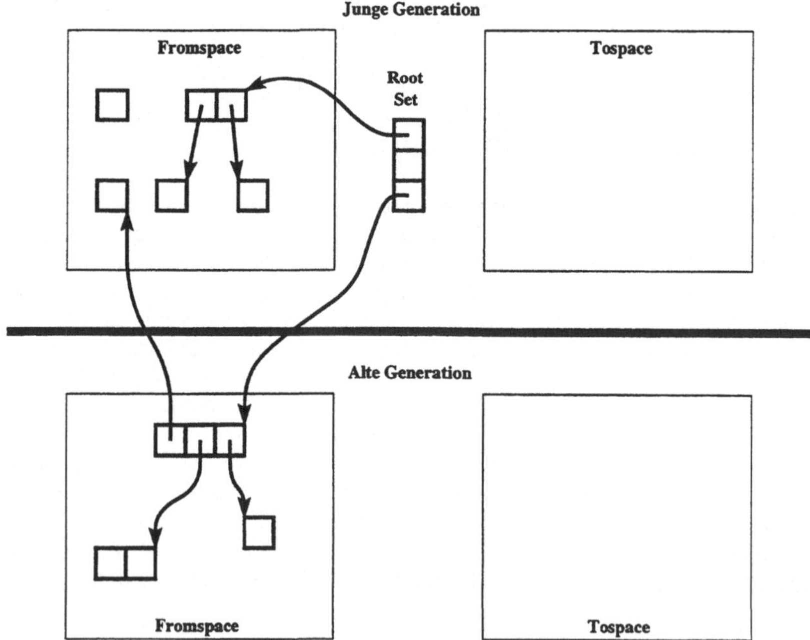

Abbildung 2.8: Ein Generational Garbage-Kollektor vor der Garbage Collection

[17] Da der Bereich der jungen Zellen häufig durchsucht werden soll, ist dieser in der Regel nur klein.

Falls eine Zelle so lange überlebt, daß sie als alt genug eingestuft wird, kopiert der Kollektor diese Zelle in die alte Generation[18]. Dadurch wird die Zelle bei den nächsten Collections der jungen Generation nicht wieder kopiert. Bild 2.9 zeigt die Situation, nachdem eine Collection auf die junge Generation angewandt worden ist und dabei eine der Zellen als alt genug für die alte Generation angesehen wurde.

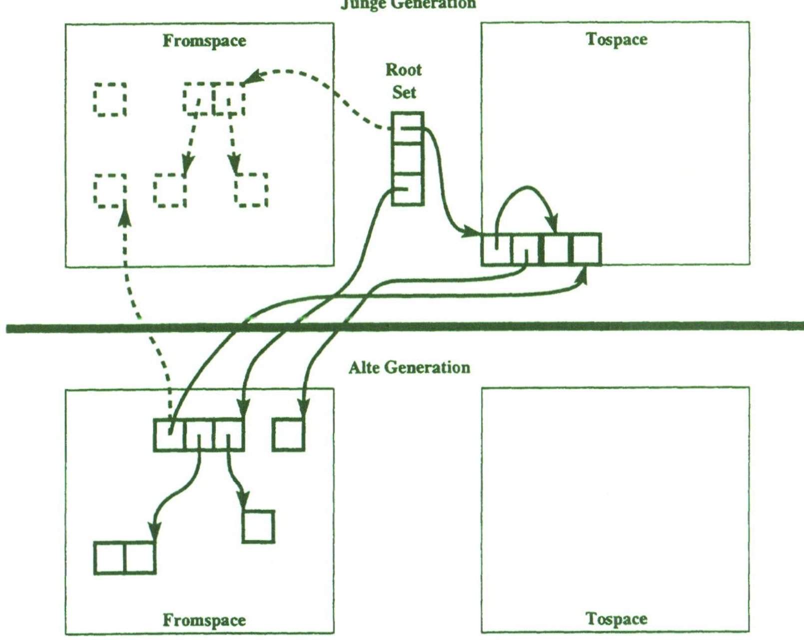

Abbildung 2.9: Ein Generational Garbage-Kollektor nach der Garbage Collection der jungen Generation

Da nur relativ wenige Zelle lange leben, füllt sich der Speicher der alten Generation wesentlich langsamer als der Speicher der jungen Generation[19]. Ist der Speicher der alten Generation voll, so wird auch auf diesen Speicher die Garbage Collection angewandt.

Ein solches Verfahren ist nicht auf zwei Generationen beschränkt, sondern kann aus beliebig vielen Generationen bestehen.

2.11.2 Erkennen von Zeigern zwischen den Generationen

Damit dieses Verfahren arbeiten kann, muß es möglich sein, auf die junge Generation eine Garbage Collection anzuwenden, ohne dabei auch die alten Generationen durchsuchen zu müssen. Da die Lebendigkeit von Daten aber eine globale, den gesamten Heap einschließende Eigenschaft ist, muß auch die alte Generation berücksichtigt werden. Falls es z.B. einen Zeiger

[18] Viele Kollektoren sehen eine Zelle bereits als alt genug an, wenn sie bis zur ersten Garbage Collection überlebt.

[19] Außerdem ist der Speicherbereich, der der alten Generation zur Verfügung steht, wesentlich größer als der Speicherbereich der jungen Generation.

von der alten Generation in die junge Generation gibt, so muß dieser Zeiger bei der Garbage Collection der jungen Generation gefunden und berücksichtigt werden. Ansonsten kann es passieren, daß eine lebendige Zelle vom Kollektor für tot gehalten wird (weil nur von der alten Generation auf diese Zelle verwiesen wird) oder daß der Zeiger aus der alten Generation beim Kopieren der referenzierten Zelle nicht entsprechend verändert wird und deshalb nach dem Kopieren nicht mehr auf sinnvolle Daten zeigt.

Im ersten implementierten Generational Collection Schema [54] dürfen keine Zeiger aus der alten Generation in die junge Generation zeigen; stattdesen muß der Zeiger auf einen Eintrag in einer Indirektionstabelle verweisen, die als Teil des Root Set benutzt wird. Diese Technik wurde auf Lisp-Maschinen wie den MIT machines [35] und Texas Instrument Explorer [24] verwendet.

Eine andere Technik ist, direkte Zeiger aus der alten in die neue Generation zu erlauben, wobei die Positionen solcher Zeiger aber gespeichert werden, so daß sie bei einer Garbage Collection der jungen Generation gefunden werden können. Dazu wird etwas wie eine Write barrier [79, 59] (siehe 2.12.2) benötigt; das Programm kann Zeiger in Zellen der älteren Generation nicht einfach verändern.

Die Write Barrier kann bei jeder Speicherung überprüfen, ob der gespeicherte Wert ein Zeiger in eine jüngere Generation ist, oder sie kann die Position, in die der Zeiger gespeichert wird, durch ein dirty Bit kennzeichnen[20] und bei einer Garbage Collection dann die als dirty markierten Bereiche auch überprüfen [75, 77, 87, 85, 41].

Durch die Write Barrier geht der Garbage-Kollektor sehr konservativ[21] mit der Lebendigkeit von Zellen um; jeder Zeiger aus der alten Generation wird als Root benutzt, obwohl die Zelle, in der dieser Zeiger gespeichert ist, selbst nicht unbedingt mehr lebendig sein muß. Eine Zelle in der alten Generation kann bereits gestorben sein; dies wird aber erst festgestellt, wenn die alte Generation durchsucht wird.

2.12 Inkrementelle und nebenläufige Kollektoren

Die bisher vorgestellten Kollektoren (außer dem Referenzzähl-Kollektor) haben den Nachteil, daß sie das Programm zu einem Zeitpunkt anhalten müssen, die Garbage Collection durchführen und erst danach das Programm fortsetzen können. Da die Garbage Collection einige Zeit in Anspruch nehmen kann, ist es nicht möglich, Realzeit-Systeme mit diesen Kollektoren zu betreiben[22]. Auch parallele Programme können einen solchen Kollektor schlecht benutzen, da zu den Zeitpunkten der Garbage Collection alle Prozesse angehalten werden müßten und dieses Anhalten der Prozesse erstens recht schwierig zu implementieren wäre und zweitens das Programm auch sequentialisiert würde. Es ist deshalb wichtig, Kollektoren zu entwickeln, die zu vielen Zeitpunkten immer nur einen kleinen Teil der Arbeit durchführen[23] bzw. sogar komplett nebenläufig - concurrent - zum normalen Programm laufen können.

[20] Ein solches dirty Bit wird in einer separaten Datenstruktur gespeichert. Die Größe des Bereichs, der als verändert markiert wird, muß so gewählt werden, daß der Speicheraufwand für diese Information nicht groß und trotzdem der zu durchsuchende Bereich klein ist.

[21] Dieser Konservatismus ist nicht zu verwechseln mit dem Konservatismus, der es Garbage-Kollektoren erlaubt, ohne Hilfe des Programms zu laufen.

[22] Obwohl Generational Kollektoren meistens nur einen sehr kleinen Speicherbereich untersuchen müssen und dies recht schnell geht, müssen manchmal auch die älteren Generationen abgearbeitet werden, was viel Zeit in Anspruch nehmen kann.

[23] Jede kurze Periode erhöht — inkrementiert — den Teil der bereits durchgeführten Garbage Collection.

Das Problem dabei ist, daß das normale Programm die Zeigerstruktur von Zellen verändern — mutieren — kann, die bereits vom Kollektor durchlaufen und entsprechend markiert worden sind. Das normale Programm wird deshalb auch als Mutator [30] bezeichnet.

Die meisten Teile der folgenden Beschreibung sind sowohl auf Mark-Sweep als auch auf Copying Kollektoren zu übertragen. Wichtig ist ohnehin nur das inkrementelle bzw. nebenläufige Herausfinden der lebendigen Daten, da auf den Garbage vom Mutator sowieso nicht zugegriffen werden kann.

Eine wichtige Characteristik von inkrementellen und nebenläufigen Kollektoren ist ihr Konservatismus[24] bzgl. der Veränderungen, die vom Mutator während der Garbage Collection durchgeführt werden.

2.12.1 Dreifarbmarkierung

Die Abstraktion der Dreifarbmarkierung (tricolor marking) ist nützlich, um inkrementelle und nebenläufige Kollektoren zu verstehen. Garbage Collection Algorithmen können als Prozesse beschrieben werden, die den Graphen der erreichbaren Zellen durchlaufen und diese mit Farben markieren. Zu Beginn eines Garbage Collection-Durchlaufs sind alle Zellen weiß gefärbt und am Ende des Garbage Collection-Durchlaufs müssen alle Zellen, die überleben sollen, schwarz gefärbt sein. Wenn es keine erreichbaren Zellen gibt, die noch schwarz gefärbt werden können, ist der Durchlauf lebendiger Zellen beendet.

In einfachen Mark-Sweep Kollektoren wird das Färben direkt mit Hilfe von Markierungsbits durchgeführt. In Copying Kollektoren wird eine Zelle durch Kopieren aus dem Fromspace in den Tospace schwarz gefärbt. Die Abstraktion des Färbens ist orthogonal zu der Unterscheidung zwischen Mark und Copying Kollektoren und ist wichtig für das Verständnis der Unterschiede zwischen verschiedenen inkrementellen und nebenläufige Kollektoren.

In inkrementellen und nebenläufigen Kollektoren ist der zwischenzeitliche Status des Färbungsdurchlaufs wichtig wegen der fortwährenden Aktionen des Mutators — dem Mutator ist es nicht erlaubt, die Zellenstruktur auf eine solche Weise zu ändern, daß der Kollektor lebendige Zellen als Garbage ansehen würde, ohne den Kollektor über diese Änderung zu informieren.

Um solche Aktionen zu verstehen und zu vermeiden, ist es sinnvoll, eine weitere Farbe grau einzuführen, die besagt, daß der Kollektor diese Zelle bereits erreicht, aber möglicherweise noch nicht alle direkten Nachfahren besucht hat. Da der Durchlauf beim Root Set beginnt, sind alle Zellen, auf die direkt vom Root Set gezeigt wird, zu Beginn grau gefärbt. Nachdem alle direkten Nachfahren einer Zelle besucht wurden, wird die Zelle dann schwarz gefärbt, während die direkten Nachfahren grau gefärbt werden.

In einem Copying Kollektor sind die grauen Zellen diejenigen Zellen, die auf dem Tospace liegen, aber noch nicht gescannt sind, also zwischen dem Scan-Zeiger und dem Free-Zeiger liegen. Zellen, die hinter dem Scan-Zeiger liegen, sind schwarz gefärbt[25]. In einem Mark-Sweep Kollektor sind die grauen Zellen gerade die, die in einer Datenstruktur — Stapel oder Schlange — des Kollektors liegen und darauf warten, abgearbeitet zu werden. Die schwarzen Zellen sind diejenigen, die bereits aus der Datenstruktur entfernt wurden. In beiden Fällen sind Zellen, die noch nicht erreicht wurden, weiß.

Intuitiv schreitet der Durchlauf als eine Welle von grauen Zellen voran, die die schwarzen von den weißen Zellen trennt — es gibt keine direkten Zeiger von schwarzen Zellen auf weiße

[24] Dieser Konservatismus darf nicht mit dem Konservatismus verwechselt werden, der es nicht erlaubt, Zeiger zu verändern.

[25] Diese Zellen liegen hinter dem Scan-Zeiger bzgl. der Scan-Richtung aber bildlich vor dem Scan-Zeiger.

Zellen. Auf diese Weise wird von der Art des Durchlaufs abstrahiert — es kann sich um jede Methode zum Durchlaufen des vollständingen erreichbaren Graphen handeln. Es ist lediglich wichtig, daß eine wohldefinierte graue Welle identifiziert werden kann und daß der Mutator die Invariante erhält, daß keine Zeiger von schwarzen Zellen direkt auf weiße Zellen verweisen.

Diese Invariante ist wichtig, damit der Kollektor annehmen kann, daß er die schwarzen Zellen nicht mehr zu untersuchen braucht und deshalb mit den grauen Zellen fortfahren kann. Falls der Mutator einen Zeiger von einer schwarzen Zelle auf eine weiße Zelle erzeugt, muß er dies dem Kollektor irgendwie mitteilen, damit der Kollektor die Möglichkeit hat, seine Buchführung auf den neuesten Stand zu bringen.

Bild 2.10 verdeutlicht die Notwendigkeit der Koordination. Angenommen, die Zelle A wurde bereits vollständig durchlaufen und wurde deshalb schwarz gefärbt; die direkten Nachfolger B und C sind grau. Wenn nun der Mutator den Zeiger von A nach C mit dem Zeiger von B nach D vertauscht, ist der einzige Zeiger, der noch auf D zeigt, in A gespeichert. Falls der Mutator sich nicht mit ihm koordiniert, nimmt der Kollektor an, daß A bereits vollständig untersucht ist und wird A deshalb nicht nocheinmal besuchen. Dann würde der Kollektor die Zelle D niemals besuchen und annehmen, daß D Garbage wäre und diese Zelle löschen.

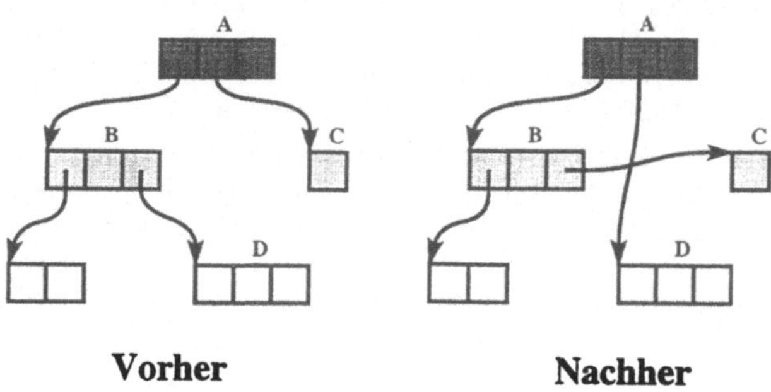

Vorher **Nachher**

Abbildung 2.10: Eine Verletzung der Farbinvariante durch Vertauschen von Zeigern durch den Mutator

2.12.2 Read- und Write-Barriers

Es gibt zwei grundlegende Ansätze, um den Kollektor mit dem Mutator zu koordinieren. Zum einen gibt es die Read-Barrier [10], die erkennt, wenn der Mutator versucht, auf einen Zeiger auf eine weiße Zelle zuzugreifen und diese Zelle sofort grau färbt. Da der Mutator keine Zeiger auf weiße Felder lesen kann (da sie sofort grau gefärbt werden), kann der Mutator auch keine Zeiger auf eine weiße Zelle in eine schwarze Zelle schreiben.

Zum anderen gibt es die Write Barrier [90, 30, 45] — versucht der Mutator, einen Zeiger in eine Zelle zu schreiben, so wird dies bemerkt. Das Konzept der Write-Barrier teilt sich selbst wieder in zwei Konzepte auf. Damit der Mutator den Kollektor in die Irre führen kann, muß der Mutator 1) einen Zeiger auf eine weiße Zelle in eine schwarze Zelle schreiben und 2) den Orginalzeiger löschen, bevor er vom Kollektor gesehen wird.

Snapshot-at-beginning Kollektoren [90] sichern, daß die zweite Bedingung nicht auftreten kann — anstatt das direkte Überschreiben von Zeigern zu erlauben, werden die alten Zeiger zuerst gesichert, so daß der Kollektor diese später wiederfinden kann. Auf diese Weise kann kein Weg zu einer weißen Zelle zerstört werden, ohne daß ein anderer Weg eingerichtet wird, über den der Kollektor diese Zelle finden kann. Es kann dabei auftreten, daß der gesicherte Zeiger wirklich nicht mehr benötigt wird und deshalb eigentlich gelöscht werden könnte. Ein Nachteil des Snapshop-at-beginning Algorithmus ist also, daß er alle Zellen, die bei Beginn der Collection lebendig waren, als lebendig ansieht, selbst wenn sie inzwischen nicht mehr lebendig sind.

Incremental update Kollektoren [30, 45] dagegen speichern die Zeiger, die in schwarze Zellen geschrieben werden, so daß diese Zeiger nachträglich vom Kollektor untersucht werden können. Konzeptionell bedeutet dies, daß die schwarze Zelle (bzw. ein Teil dieser Zelle) in eine graue Zelle zurückverwandelt wird. Ein Nachteil dieses Algorithmus ist, daß er schwierig zu implementieren ist, wenn das Root Set nicht nur aus einem einzigen Element besteht.

Beide Arten der Write Barrier können auch zum Complementary Kollektor [57] zusammengefaßt werden, so daß die Vorteile beider Arten kombiniert werden.

2.12.3 Implementation von Barriers

Die einfachste Art, Read- oder Write-Barriers in den Mutator zu integrieren, ist, daß der Compiler entsprechenden Code generiert. In diesem Fall scheint es effizienter zu sein, Write-Barriers zu benutzen, da wesentlich seltener geschrieben als gelesen wird.

Auch ohne Unterstützung des Mutators können Barriers durch Ausnutzung entsprechender Hardware, wie z.B. des Memory Management Units (MMU), implementiert werden. Unter vielen UNIX-Systemen kann dafür die Systemfunktion mprotect verwendet werden.

Eine Read-Barrier kann implementiert werden, indem die Speicherseiten, auf denen sich graue Zellen befinden, lesegeschützt werden. Versucht der Mutator, aus einer grauen Zelle zu lesen, so wird der Mutator unterbrochen und eine Ausnahmebehandlung angesprungen. Diese Ausnahmebehandlung kann die auf dieser Speicherseite befindlichen Zellen scannen und somit schwarz färben[26]. Danach kann der Mutator normal in seiner Arbeit fortfahren.

Eine Write-Barrier kann implementiert werden, indem die Speicherseiten, auf denen sich schwarze Zellen befinden, schreibgeschützt werden. Bei einem Schreibzugriff auf eine schwarze Zelle wird der Mutator unterbrochen und eine Ausnahmebehandlung ausgeführt. Diese muß die Zelle, die gespeichert wird, grau färben. Danach kann der Mutator normal in seiner Arbeit fortfahren.

Bei Verwendung einer MMU scheint eine Read-Barrier effizienter zu sein, da immer nur ein kleiner Teil der Daten geschützt ist, während der Mutator auf den schwarzen Zellen ohne Unterbrechung arbeiten kann. Außerdem kann die Anzahl der Page Faults bei Verwendung einer Read-Barrier durch die Anzahl der lebendigen Zellen nach oben abgeschätzt werden, während dies bei einer Write-Barrier nicht der Fall ist.

Es sind auch weitere Formen der Hardwareunterstützung für Kollektoren denkbar [64].

2.12.4 Replication-basierter Kollektor

Eine leicht abgewandelte Form des normalen, inkrementellen, auf Kopieren basierenden Kollektors ist der replication-based incremental copying collector [63]. Anders als beim normalen Copying Kollektor wird der Inhalt einer kopierten Zelle nicht durch einen Vorwärtszeiger

[26] Sollten mehrere Mutatoren parallel laufen, so muß gewährleistet sein, daß diese während des scans nicht frei auf die Seite zugreifen können.

überschrieben, sondern dieser Vorwärtszeiger wird im Header der Zelle[27] gespeichert. Der Mutator arbeitet auf den ursprünglichen Zellen, ohne daß er von existierenden Kopien etwas erfährt[28]. Beim Schreiben in Zellen ist es allerdings nötig, beide Versionen einer Zelle zu verändern[29]. Bei Sprachen, die selten mit Seiteneffekten arbeiten, ist dies allerdings kein Problem[30]. Der Mutator und der Kollektor können nebenläufig arbeiten, ohne sich synchronisieren zu müssen. Lediglich wenn der Kollektor die Rollen des Fromspace und des Tospace vertauscht, muß eine Koordination stattfinden. In dieser Phase muß das gesamte Root Set entsprechend angepaßt werden. Da in der betrachteten Implementation das Root Set aus höchstens 32 Elementen besteht, ist dies kein Problem. Eine erste Implementation in ML of New Jersey verhielt sich recht vielversprechend.

2.13 Kollektoren für multi-threaded Mutatoren

Häufig teilen sich mehrere Mutatoren einen gemeinsamen Speicherbereich, so daß ein Kollektor den Speicherbereich mehrerer Mutatoren aufräumen muß. Da viele Prozesse sehr schnell Garbage erzeugen können, ist es sinnvoll, mehrere Kollektoren parallel laufen zu lassen. Das Problem hierbei ist, daß möglicherweise eine Synchronisation des oder der Kollektoren mit mehreren Mutatoren durchgeführt werden muß.

2.13.1 Referenzzähl-Kollektoren

Es ist sehr einfach, einen Referenzzähl-Kollektor für multi-threaded Mutatoren einzusetzen. Der verwendete Algorithmus ändert sich nicht, es muß allerdings darauf geachtet werden, daß das Verändern des Referenzzählers als atomare Aktion implementiert wird. Dies kann auf Systemen, auf denen dies nicht direkt vom Prozessor implementiert wird, sehr teuer sein [61].

2.13.2 Stop-and-Copy Kollektor

Eine Möglichkeit der Garbage Collection für multi-threaded Mutatoren ist eine Adaption des normalen Stop-and-Copy-Kollektors [21] (siehe 2.8). Sobald ein Mutator feststellt, daß er nicht mehr genügend Speicher zur Verfügung hat, halten alle Mutatoren an und arbeiten als Kollektoren. Alle Kollektoren scannen parallel lebendige Zellen und kopieren die Söhne in den Tospace. Um Konflikte zu vermeiden, sperren (locken) die Kollektoren die Zellen, die sie im Fromspace untersuchen und nötigenfalls kopieren. Diese Methode wird z.B. von MultiLisp [37] und GAML [56] verwendet. Um den Overhead des Lockens zu vermindern, weist die Parlog-Implementation, die in [25] beschrieben wird, jedem Kollektor einen festen Bereich zu, für den nur dieser zuständig ist.

[27] Ein solcher Header wird meistens ohnehin benötigt.

[28] Es ist auch möglich, dem Mutator Zugriff auf die neuen Zellen zu gewähren, dies wird an dieser Stelle aber nicht beschrieben.

[29] Der Mutator muß dazu entsprechend angepaßt werden. Schreibt der Mutator einen Zeiger auf eine Zelle, zu der bereits eine Kopie existiert, so muß in die neue beschriebene Zelle der Zeiger auf die Kopie der Zelle, auf die verwiesen werden soll, eingetragen werden.

[30] In [63] wird die Sprache ML betrachtet.

2.13.3 Inkrementeller Copying Kollektor

Ein anderer Ansatz wird in [8] beschrieben. Dort läuft ein Kollektor nebenläufig neben den Mutatoren. Die Synchronisation geschieht mit Hilfe einer Read-Barrier, die mit Hilfe der MMU implementiert ist (siehe 2.12.2). Damit der Kollektor eine Seite scannen kann und die Mutatoren trotzdem nicht auf die Seite zugreifen können, läuft der Kollektor in einem priveligierten Modus, bei dem keine Page Faults bei einem Zugriff auf die entsprechend geschützte Seite auftreten. Dafür muß allerdings das Betriebssystem entsprechend angepaßt werden. Da mehrere Mutatoren sehr schnell Garbage erzeugen können, reicht ein Kollektor nur für eine relativ geringe Anzahl von Mutatoren aus.

Ein an [8] angelehnter Ansatz wird in [72] beschrieben — auch dort wird eine Read-Barrier benutzt, die mit Hilfe einer MMU implementiert wird (siehe 2.12.2). Dort gibt es allerdings keinen eigenen Prozeß für den Kollektor, sondern jeder Mutator wird kurzzeitig zu einem Kollektor, wenn er einen Page Fault ausgelöst hat. Um die Garbage Collection möglichst schnell zu beenden, scannt jeder Kollektor nicht nur die Seite, auf der die gewünschte Zelle liegt, sondern auch noch eine Anzahl weiterer Seiten. Anders als in [8] werden in [72] alle Seiten auf User-level geschützt und kommen daher ohne Betriebssystem-Änderung aus.

2.13.4 Kollektor für speziellen Parallelismus

Für die Klasse der Fork-Join Task Parallelität, in der nur während der Erzeugung einer Task und bei der Beendigung einer Task kommuniziert wird, können spezielle Kollektoren eingesetzt werden [50]. Dafür wird jeder Task ein eigener lokaler Heap zugeordnet, und diese Task ist ganz allein für das Aufräumen dieses Heaps zuständig.

2.14 Verteilte Kollektoren

Ein verteiltes System besteht aus einer Menge von Rechnern, die mit Hilfe eines Netzwerks miteinander kommunizieren können — jeder Rechner selbst kann einen oder mehrere Prozessoren besitzen. Im Speicher jedes Rechners kann es Referenzen in die Speicher anderer Rechner geben — diese Referenzen werden aber nur selten mit Hilfe von normalen Zeigern implementiert sein. Eine typische Zustand eines verteilten Systems ist in Abbildung 2.11 dargestellt.

Garbage Collection auf verteilten Systemen ist komplizierter als normale Garbage Collection auf Einprozessormaschinen oder Mehrprozessormaschinen mit gemeinsamen Speicher, da die Kollektoren auf den einzelnen Maschinen miteinander koordiniert werden müssen, um die sich ändernden Referenzen zwischen den Maschinen herauszufinden. Dieses Problem wird dadurch erschwert, daß in verteilten Systemen eine Reihe von Fehlern auftreten können. Die Aufgabe von verteilten Kollektoren ist also, allen nicht mehr lebendigen Speicher aufzuspüren, wobei der Kollektor effizient, skalierbar und fehlertolerant sein sollte.

Die meisten Techniken werden diesen Anforderungen nur teilweise gerecht. Besonders schwierig ist Fehlertoleranz zu erreichen, insbesondere da es viele verschiedene mögliche Fehlerklassen gibt.

Ein wesentlich umfassenderer Überblick über verteilte Kollektoren wird in [2, 46, 67] gegeben.

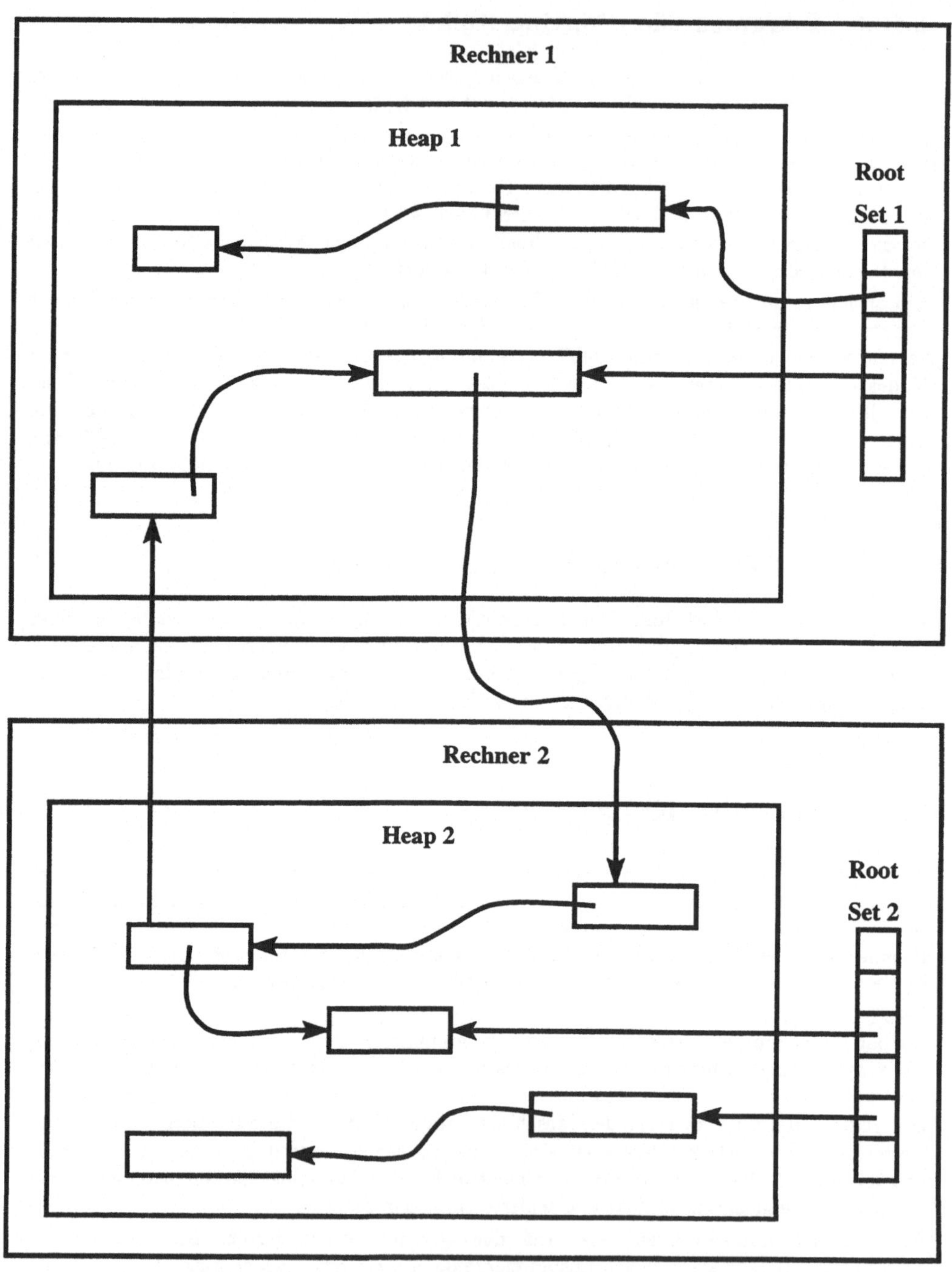

Abbildung 2.11: Typischer Zustand eines verteilten Systems

2.14.1 Referenzzähl-Kollektoren

Eine häufig für verteilte Kollektoren angewandte Technik ist die Technik des Referenzzählens. Allerdings ist die in Abschnitt 2.5 vorgeschlagene Technik für verteilte Systeme schlecht geeignet, da 1) sehr häufig kommuniziert werden muß 2) die Reihenfolge der verschickten Nachrichten erhalten bleiben muß und 3) Nachrichten weder verloren gehen noch dupliziert werden dürfen. Deshalb wurden verschiedene Erweiterungen dieses Konzepts vorgestellt. Alle diese Konzepte haben gemeinsam, daß sie zyklische Strukturen nicht wieder freigeben und deshalb mit einem weiteren Kollektor kombiniert werden müssen.

Gewichtete Referenzzähl-Kollektoren

Als eine Lösung wurden gewichtete Referenzzähl-Kollektoren [17, 83] vorgeschlagen. In einem solchen System besitzt jeder Zeiger ein individuelles Gewicht[31], und eine Zelle hat als Referenzzählwert die Summe der Gewichte aller Zeiger, die auf diese Zelle zeigen. Wird ein Zeiger kopiert, d.h. aus einem Zeiger s ein neuer Zeiger t erzeugt, so wird das Gewicht von s zwischen s und t aufgeteilt. Da durch diese Aktion das Gewicht der Zelle, auf die s und t zeigen, nicht verändert wird, muß der Zelle dieses Kopieren nicht mitgeteilt werden. Lediglich bei der Freigabe eines Zeigers muß der Zähler der Zelle um das Gewicht des Zeigers erniedrigt werden. Ein Problem beim Kopieren eines Zeigers s tritt auf, wenn s nur noch ein unteilbares Gewicht 1 hat, das Gewicht von s also nicht mehr zwischen s und t aufgeteilt werden kann. Eine Lösungsmöglichkeit besteht darin, in einem solchen Fall das Gewicht von t neu zu erzeugen. Dadurch wird das Gesamtgewicht der Zeiger, die auf die gleiche Zelle wie s zeigen, erhöht, und dies muß der Zelle mitgeteilt werden. Eine andere Möglichkeit besteht darin, eine Hilfszelle anzulegen, auf die sowohl s als auch t verweisen. Diese Hilfszelle selbst verweist auf die ursprüngliche Zelle, so daß s und t durch einfache Indirektion auf die ursprüngliche Zelle zugreifen können. Bild 2.12 zeigt einen typischen Zustand eines gewichteten Referenzzähl-Kollektors und zeigt den Zustand, nachdem der Zeiger s mit teilbarem Gewicht und der Zeiger t mit unteilbarem Gewicht kopiert worden sind. Die Zahlen an den Zeigern geben dabei die Gewichte dieser Zeiger an.

Nachteilig bei dem Verfahren mit den Hilfszellen ist, daß sehr lange Indirektionen entstehen können. Als Verbesserung wurde in [36, 23] vorgeschlagen, anstatt der Indirektionen Tabellen zu benutzen. Sobald das Gewicht eines Zeiger auf 1 sinkt, wird ein Eintrag in einer Tabelle erzeugt. Weitere Kopien des Zeigers verweisen weiterhin direkt auf das Objekt, zusätzlich aber auch in die Tabelle. Das Löschen einer solchen Referenz erniedrigt den Zähler in der Tabelle.

Gewichtetes Referenzzählen toleriert weder das Verlieren noch das Duplizieren von Nachrichten.

Optimierter gewichteter Referenzzähl-Kollektor

In [29] wird ein optimierter gewichteter Referenzzähl-Kollektor (OWRC) vorgeschlagen. Dieser Kollektor geht nur davon aus, daß die Summe der Gewichte der Zeiger kleiner oder gleich dem Gewicht der Zelle ist. Dadurch sind verlorene Nachrichten kein Problem, während duplizierte Nachrichten weiterhin nicht vorkommen dürfen. Die Verwendung von Indirektionen wird durch die Einführung spezieller Werte mit dem Gewicht 0 verhindert. Allerdings können

[31] In einem normalen Referenzzähl-Kollektor besitzt jeder Zeiger das Gewicht 1.

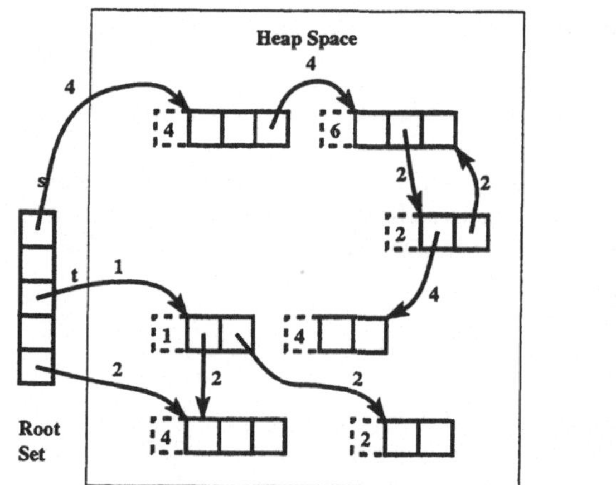

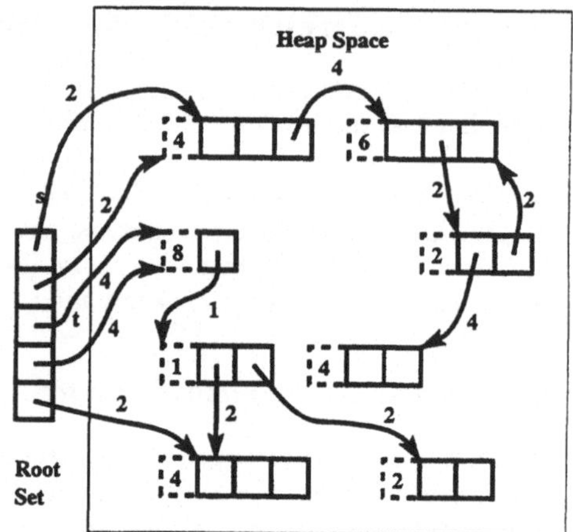

Abbildung 2.12: Typischer Zustand eines gewichteten Referenzzähl-Kollektors

die entsprechenden Zellen danach nicht mehr durch den Referenzzähler selbst gelöscht werden. Es wird deshalb ein Kollektor benötigt, der die lebendigen Zellen absucht und dabei gleichzeitig auch die Referenzzähler aktualisieren kann.

Indirekter Referenzzähl-Kollektor

In [65] wird das Problem langer Ketten von Indirektionen dadurch angegangen, daß eine Referenz auf eine vorhergehende Indirektion und eine Abkürzung gespeichert werden. In einem System, in dem Objekte nicht migrieren, zeigt diese Abkürzung immer direkt auf das Objekt. Auf diese Weise ist der Zugriff auf das Objekt trotz der langen Indirektionsketten schnell.

2.14.2 Referenzlisten

Referenzlisten unterscheiden sich von Referenzzählern dadurch, daß für jede Zelle eine Liste von Indirektionen gespeichert wird, in der die externen Speicherbereiche stehen, von denen aus auf diese Zelle verwiesen wird. Die Inkrementierungs- und Dekrementierungsnachrichten werden durch Einfüge- und Löschnachrichten ersetzt. Eine Löschnachricht informiert die Liste, daß aus entsprechenden Speicherbereich keine Referenz mehr auf diese Zelle verweist.

Ein großer Vorteil dieses Verfahrens ist, daß Nachrichten idempotent und damit gegen duplizierte Nachrichten unempfindlich sind. Durch verspätete Nachrichten können allerdings Probleme auftreten, die durch Zeitstempel [74] vermieden werden können.

Es gibt verschiedene Formen von Referenzlisten wie Stub-Scion Pair Chains [73, 68] oder die in [18] vorgestellte Technik.

2.14.3 Tracing-basierte Kollektoren

Referenzzähl-Kollektoren können auf verteilten Systemen zwar fehlertolerant und effizient gemacht werden, sie können aber keine verteilten Zyklen erkennen. Es ist deshalb notwendig,

Kollektoren zu haben, die die Zeiger zwischen den Zellen nachverfolgen und auf diese Weise auch nicht-lebendige Zyklen erkennen können.

Solche Kollektoren basieren in der Regel auf Tracing-basierten Kollektoren für jeden einzelnen Rechner, die sich untereinander koordinieren, indem sie sich untereinander Nachrichten zuschicken, wenn Zeiger von einem Rechner auf einen anderen Rechner zeigen. Häufig handelt es sich bei den lokalen Kollektoren um Mark-Sweep-Kollektoren; dies ist aber nicht notwendig. Die lokalen Kollektoren müssen inkrementell arbeiten, damit nicht das gesamte verteilte Programm während der Garbage Collection, die relativ lange dauern kann, angehalten werden muß.

Ein auftretendes Problem ist, das Ende der Mark-Phase zu erkennen (End Detection), da dies ein globaler Zustand ist. Lösungsansätze für dieses Problem werden in [9] vorgeschlagen. Eine Alternative ist, sichere Unsicherheiten, d.h. Unsicherheiten, die die Sicherheitsinvarianten des Kollektors nicht verletzen, zu erlauben.

Tracing-basierte Kollektoren werden z.B. in [43, 9, 49, 80, 69, 66, 55] beschrieben.

2.15 Finalization

Garbage Collection wird manchmal — gleichzeitig — für zwei völlig verschiedene Ziele eingesetzt. Zum einen dient diese dazu, einen endlich großen Speicher wesentlich größer, sogar unendlich groß erscheinen zu lassen. Dabei soll der Mutator so wenig wie möglich vom Kollektor bemerken.

Auf der anderen Seite benutzen manche Sprachen Garbage Collection als nützliche Möglichkeit, mehr über den Zusammenhang der Zellen untereinander herauszufinden und diese Information dem Mutator zur Verfügung zu stellen. Die gebräuchlichste Benutzung dieser Information ist, Soft-Zeiger — auch weak Zeiger genannt — zu implementieren. Soft-Zeiger sind Zeiger, die vom Kollektor nicht verfolgt oder gezählt werden. Sobald der Kollektor merkt, daß kein hard Zeiger mehr auf eine Zelle verweist, löscht er diese Zelle und setzt alle Soft-Zeiger, die auf diese Zelle verwiesen haben, auf einen vordefinierten Wert. Soft-Zeiger erlauben es einem Mutator, eine Zelle zu beobachten und zu bemerken, wenn diese Zelle nicht mehr benötigt wird.

Nah verwandt mit Soft-Zeigern sind Populationen. Eine Population ist eine besondere Art einer Hash-Tabelle. In einer Hash-Tabelle kann ein Schlüssel mit einem Wert assoziiert werden — der Schlüssel kann später benutzt werden, um den Wert wiederzufinden. Kommt ein Schlüssel außerhalb der Hash-Tabelle nicht vor, wird dieser Wert nicht mehr benötigt, und er sowie der assozierte Wert können gelöscht werden. In MuPAD wird im Zusammenhang mit Domains ein sehr ähnliches Konzept benötigt. Dort werden Domains durch Schlüssel identifiziert. Die Identifikation wird mit Hilfe einer Hash-Tabelle implementiert. Sobald nicht mehr auf das Domain und auf die Identifikation verwiesen wird, ist es sinnvoll, diese aus der Hash-Tabelle zu entfernen.

In vielen Fällen soll das System aber nicht nur bemerken können, daß eine bestimmte Zelle nicht mehr benötigt wird, sondern es sollen auch Aktionen damit verbunden werden. Repräsentiert eine Zelle z.B. ein geöffnetes File, so ist es sinnvoll, dieses File zu schließen, sobald kein Verweis auf diese Zelle mehr existiert. Diese Anwendung ist z.B. in MuPAD sinnvoll. Um nicht nur einen so speziellen Fall behandeln zu können, sollte der Mutator beeinflussen können, was passiert, wenn eine Zelle nicht mehr benötigt wird.

In [40] wird ein Überblick über Finalization und verschiedene Sprachen, die Formen von Finalization anbieten, gegeben. Noch nicht erwähnt ist dabei die Sprache Java [1].

Kapitel 3

Die MAMMUT-Schnittstelle intuitiv

In diesem Kapitel wird die funktionale Schnittstelle von **MAMMUT** intuitiv beschrieben. Dazu wird zunächst beschrieben, in welcher Weise **MAMMUT** seine Zellen organisiert und welche Daten solche Zellen enthalten. Danach werden die Funktionen vorgestellt, mit deren Hilfe diese Zellen erzeugt, ausgelesen und verändert werden können. Dieses Kapitel dient dazu, dem Leser eine klare Intuition zu geben, was mit **MAMMUT** wie gemacht werden kann. Werden im folgenden Funktionen deklariert, so werden sich wiederholende Typen in der Parameterliste weggelassen, um die Übersichtlichkeit zu erhöhen. So wird statt der Deklaration **MMMmalloc(long Memtyp, long typ, long size, long count)** lediglich **MMMmalloc(long Memtyp, typ, size, count)** geschrieben.

3.1 Einführung

3.1.1 Motivation

Die Speicherverwaltung **MAMMUT** (Memory Allocation ManageMent UniT) wurde entworfen, um auf einem beliebigen parallelen Computermodell eine shared-memory Maschine mit komfortabelen Datenstrukturen simulieren zu können, ohne dafür am Betriebssystem des Rechners oder an der Sprache C etwas abändern zu müssen. Insbesondere sollte es auch nicht nötig sein, auf Hardware wie z.B. die Memory Management Unit (MMU) zurückzugreifen.

Falls es sich bei dem zugrundeliegenden Modell um einen Multicomputer handelt, soll gewährleistet werden können, daß die gesamten gespeicherten Daten den Speicher eines einzelnen Prozessors bei weitem übersteigen können[1]. Jeder Prozessor muß nur die Daten in seinem Speicher halten, die zu diesem Zeitpunkt zur Berechnung unmittelbar benötigt werden.

Dieses Ziel wurde verfolgt, um eine leichte Portabilität der Speicherverwaltung – und damit auch der Programme, die diese Speicherverwaltung benutzen – zu gewährleisten.

Wäre die Speicherverwaltung abhängig von Änderungen im Betriebssystem, so wäre das Portieren von einem Rechner mit einem Betriebssystem zu einem Rechner mit einem anderen Betriebssystem schwierig, da das neue Betriebssystem verändert werden müßte.

[1] Die bisherigen Implemenationen können dies nicht gewährleisten.

Um dies durchführen zu können, müßte man das neue Betriebssystem zum einen verstehen, zum anderen müßte man z.B. auf UNIX Superuser-Rechte haben, um die Möglichkeit zu haben, das System entsprechend abzuändern.

Wäre **MAMMUT** abhängig von Änderungen im C-Compiler, so würden ähnliche Probleme auftreten. Man müßte den Quelltext eines C-Compilers zur Verfügung haben, ihn verstehen und entsprechend abändern.

Auf anderen Systemen existieren natürlich auch andere C-Compiler, so daß für jedes System der C-Compiler neu geändert werden müßte.

Außerdem wäre es aufwendig, auf einem System, auf dem ein C-Compiler schon angepaßt wurde, nun aber ein neuer Compiler erschienen ist, diesen neu anzupassen.

Da **MAMMUT** für das parallele Computeralgebra-System MuPAD entworfen wurde, welches auf allen parallelen Computermodellen arbeiten können soll, ist **MAMMUT** eine parallele Speicherverwaltung. Da **MAMMUT** auch auf einem verteilten System laufen können soll und ein Großteil der verteilten Kollektoren auf Referenzzähl-Kollektoren basiert, sollte **MAMMUT** die Möglichkeit der Implementation von solchen Kollektoren anbieten.

Gerade in der Computeralgebra ist es sehr schwer, einem bestimmten Problem bestimmte Daten zuzuordnen, d.h. von vornherein einem Prozessor bestimmte Daten sinnvoll zuzuweisen. Es ist vielmehr so, daß meistens erst während einer Rechnung bestimmt werden kann, welche Daten benötigt werden. Als Architektur, die **MAMMUT** simulieren sollte, bot sich somit nur eine shared-memory Maschine an.

Da wir uns zum Zeitpunkt der Entwicklung von **MAMMUT** auf C festgelegt hatten, einer Sprache, in der man den Compiler nur sehr schwer beeinflussen kann, mußte einige Verantwortung bei der Verwendung von **MAMMUT** an den Programmierer übergeben werden. Wäre die Speicherverwaltung dagegen in C++ geschrieben, so hätten einige Probleme wesentlich eleganter gelöst werden können [60].

Zu beachten ist, daß **MAMMUT** entworfen wurde, um einem menschlichen C-Programmierer ein einigermaßen einfach benutzbares und trotzdem sehr mächtiges Interface zu einer Speicherverwaltung, die Unique Data Representation auf einem verteilten System unterstützt, zur Verfügung zu stellen. Ein Compiler, der eine andere Sprache nach C übersetzt, braucht ein derartiges Interface nicht, da der Compiler C-Code entsprechend dem zugrundeliegenden Garbage Kollektor erzeugen kann. Bei der Entwicklung von **MAMMUT** waren Programme, die im wesentlichen ohne Stack auskommen [7] nicht die Zielgruppe dieser Speicherverwaltung, da solche Programme wesentlich häufiger allokieren müssen[2], als dies bei von Menschen geschriebenen Programmen der Fall ist.

3.1.2 Überblick

Im folgenden werden die grundlegenden Eigenschaften von **MAMMUT** kurz beschrieben und der Zweck erläutert:

- Die Speicherverwaltung kann auf jedem parallelen Computermodell arbeiten und eine asynchrone shared-memory Maschine simulieren, d.h. jeder Prozessor hat unbeschränkten Zugriff auf alle auf dem gesamten Computer gespeicherten Daten. Hierdurch wird der Programmierer unabhängig von der konkreten Architektur, auf dem sein Programm

[2] Die in [7] beschriebene Implementation allokiert im Durchschnitt alle 5 ausgeführten Maschineninstruktionen eine Zelle im Heap.

läuft. Er kann immer davon ausgehen, daß ihm das mächtigste Modell, die shared-memory Maschine, zur Verfügung steht.

- **MAMMUT** definiert eine Schnittstelle, die es erlaubt, verschiedene Garbage Collection Algorithmen unter **MAMMUT** zu implementieren[3].

- **MAMMUT** unterstützt die Unique Data Representation. Hierbei werden gleiche Daten, auch wenn sie Teildaten von verschiedenen Daten sind, nur einmal im Speicher gehalten. Trotzdem ist es mit der Speicherverwaltung möglich, diese Daten lokal zu ändern, d.h. werden die Daten von einer Stelle, an der sie benötigt werden, verändert, so bleiben sie für die anderen Stellen, die diese Daten benötigen, unverändert.

  Mit Hilfe dieser Unique Data Representation brauchen Daten, die Teildaten von vielen Daten sind, nur einmal gespeichert zu werden, was einen erheblichen Platzgewinn mit sich bringen kann. Außerdem kann die Gleichheit von Daten häufig bereits durch einen Zeigervergleich festgestellt werden.

  Dies ist eine wichtige Methode, um dem in der Computeralgebra häufig auftretenden Problem des intermediate data swell — des zwischenzeitlich sehr starken Anwachsens der benötigten Daten — zu begegnen.

  Durch diese Platzeinsparung und die Möglichkeit, bei gleichen Daten Gleichheit sehr schnell zu erkennen, kann die Laufzeit von Algorithmen drastisch reduziert werden.

- Die Datenstruktur, die von **MAMMUT** zur Verfügung gestellt wird, ist sehr komfortabel. Jedes Datum s der Speicherverwaltung (im folgenden immer S-Zeiger genannt), besteht aus einem Datenteil — dem sogenannten Mem-Teil *Mem*(s) — und einem Teil, in dem weitere S-Zeiger gespeichert werden — dem sogenannten Point-Teil *Point*(s). Diese beiden Teile sind sowohl in Größe als auch in Inhalt völlig unabhängig voneinander. Außerdem kann aus dem S-Zeiger die Information gewonnen werden, wie groß der Mem-Teil und der Point-Teil sind.

  Mit Hilfe von S-Zeigern kann auf triviale Art ein beliebiger gerichteter Graph mit Knoteninformationen, insbesondere also auch ein n-närer Baum erzeugt werden, wobei n hierbei nicht fest ist, sondern sich auch innerhalb des Baumes verändern kann.

- Jeder S-Zeiger enthält zusätzlich die Information, von welchem Typ er ist. Der Typ eines S-Zeigers wird durch einen Wert vom C-Typ long repräsentiert und die Bedeutung eines Typs kann vom Benutzer festgelegt werden. Da in einem S-Zeiger außerdem beliebige Daten gespeichert werden können, sind diese zur Implementation von polymorphen Funktionen, wie sie in der Computeralgebra häufig auftreten, sehr gut geeignet.

- Jedes Datum der Speicherverwaltung besitzt ein eigenes Lock, mit dem der geordnete parallele Zugriff auf das Datum geregelt werden kann.

- Durch ein Konzept von globalen und lokalen S-Zeigern (siehe Seite 3.2) wird es ermöglicht, die Speicherverwaltung auch auf heterogenen Netzen vollständig zu nutzen.

---

[3] Um bestimmte Kollektoren ohne Änderung des Betriebssystems und ohne Hardwareunterstützung implementieren zu können, darf nicht immer die gesamte angebotene Schnittstelle verwendet werden.

3.2 MAMMUT-Zellen

MAMMUT stellt Zellen zur Verfügung, die aus verschiedenen Komponenten bestehen bzw. mit denen verschiedene Daten assoziiert sind. Zeiger auf solche **MAMMUT**-Zellen werden in diesem Buch S-Zeiger oder als C-Typ S_Pointer genannt. Da jedem S-Zeiger genau eine **MAMMUT**-Zelle zugeordnet ist, werden in diesem Buch die Begriffe S-Zeiger und Zelle häufig gleich verwendet.

Ein ausgezeichneter S-Zeiger ist der S-Zeiger MMMNULL, der auf keine **MAMMUT**-Zelle verweist, aber dazu benutzt werden kann, S-Zeigern einen definierten Wert zu geben. Das Verhalten der meisten **MAMMUT**-Funktionen ist nicht definiert, wenn sie MMMNULL als Argument bekommen. Die Funktionen, für die das Verhalten auch definiert ist, wenn sie MMMNULL als Argument bekommen, sind in Tabelle A.10 (siehe Seite A.10) aufgelistet.

Im folgenden werden die Komponenten von **MAMMUT**-Zellen und die mit **MAMMUT**-Zellen assoziierten Werte intuitiv beschrieben.

Point-Teil: Der Point-Teil eines S-Zeigers s ist ein Array von S-Zeigern beliebiger Größe und wird mit *Point*(s) bezeichnet. Die Größe dieses Arrays — mit *count*(s) bezeichnet — wird bei der Erzeugung der **MAMMUT**-Zelle angegeben und kann durch spezielle Funktionen verändert werden.

S-Zeiger dürfen nur in diesem Point-Teil gespeichert werden, damit **MAMMUT** immer genau die Menge der S-Zeiger bestimmen kann.

Mem-Teil: Der Mem-Teil eines S-Zeigers s ist ein durchgehender Speicherbereich beliebiger Größe und wird mit *Mem*(s) bezeichnet. Die Mindestgröße dieses Bereichs wird bei der Erzeugung der Speicherzelle angegeben und kann durch spezielle Funktionen verändert werden. Die Größe des Mem-Teils wird mit *size*(s) bezeichnet.

In diesem Bereich können beliebige Daten gespeichert werden, solange es sich nicht um S-Zeiger oder Zeiger, die in den Point- oder Mem-Teil von **MAMMUT**-Zellen verweisen, handelt. Der Mem-Teil einer **MAMMUT**-Zelle wird von **MAMMUT** niemals als Seiteneffekt einer Garbage Collection verändert.

Soll in einer **MAMMUT**-Zelle ein Zeiger gespeichert werden, der in eine **MAMMUT**-Zelle verweist, so muß dies als Kombination eines Zeigers auf eine **MAMMUT**-Zelle — also eines S-Zeigers gespeichert im Point-Teil — und eines Offsets — gespeichert im Mem-Teil — dargestellt werden[4].

Die relative Position des Point-Teils zum Mem-Teil im Speicher ist nicht spezifiziert.

Typ: Jede **MAMMUT**-Zelle enthält einen dynamischen Typ, der während der Laufzeit abgefragt und verändert werden kann. Dieser Typ wird durch einen Wert des C-Typs long repräsentiert und der Benutzer kann die Bedeutung eines Typs völlig frei definieren.

Signatur: Jede **MAMMUT**-Zelle enthält eine Signatur [60], die während der Laufzeit abgefragt und verändert werden kann.

Mit Hilfe von Signaturen ist es möglich, Daten, die verschieden sind, mit großer Wahrscheinlichkeit sehr schnell als verschieden zu erkennen (siehe [60] Kapitel 4.3.4). Damit die Signatur einer Zelle schnell zu berechnen ist, sollte sie nur von den Signaturen der

[4]Kann der Zeiger sowohl in den Point- als auch in den Mem-Teil einer Zelle verweisen, so muß aus dem Offset auch hervorgehen, ob in den Point- oder in den Mem-Teil verwiesen wird.

Söhne und vom eigenen Mem-Teil abhängen. Die Funktion zur Berechnung der Signatur[5] sollte möglichst gut über die möglichen Werte, für **MAMMUT** sind dies alle Werte des C-Typs long, streuen. Zellen, die strukturell verschieden sind, haben dann mit sehr großer Wahrscheinlichkeit verschiedene Signaturen und können so auch sehr schnell als verschieden erkannt werden. Damit strukturell gleiche Zeiger nicht als ungleich angenommen werden, muß die Signatur-Funktion garantieren, daß strukturell gleich Zellen die gleiche Signatur bekommen.

Lock: Jede **MAMMUT**-Zelle enthält ein Lock, das durch eine atomare Aktion getestet und gesetzt werden kann. Dadurch ist es leicht, für **MAMMUT**-Zellen atomare Aktionen zu implementieren.

Mem-Typ: Um **MAMMUT** auch auf verteilten und heterogenen Systemen einsetzen zu können, gibt es globale und lokale S-Zeiger.

Ein globaler S-Zeiger hat für alle beteiligten Prozesse den gleichen Inhalt, so daß die Prozesse mit Hilfe von globalen S-Zeiger Daten austauschen können. Globale S-Zeiger sind die normalerweise verwendeten S-Zeiger. Bei der Allokation signalisiert man **MAMMUT** durch die Konstante MMMCglobal, das eine solche Zelle angefordert werden soll.

Soll allerdings ein S-Zeiger z.B. einen Zeiger auf eine C-Funktion enthalten, so kann kein globaler S-Zeiger verwendet werden, da dieser Zeiger für verschiedene Prozesse verschieden ist[6]. Lokale S-Zeiger haben deshalb für jeden Rechner einen eigenen Wert und ein Prozeß kann nur auf den Wert zugreifen, der für den eigenen Rechner gespeichert ist.

Damit trotzdem zwei lokale S-Zeiger auf verschiedenen Rechnern logisch die gleichen Daten enthalten können, existiert folgende Invariante für die Allokation und Freigabe von lokalen S-Zeigern:
Führen zwei Prozesse die gleichen Sequenzen von Allokationen und Freigaben für lokale S-Zeiger durch, so erhalten sie jeweils die gleichen S-Zeiger.

Damit diese Invariante einen Sinn haben kann, dürfen lokale S-Zeiger nicht dazu verwendet werden, kurzzeitig eine **MAMMUT**-Zelle anzufordern, auf die nur der Prozeß selbst zugreifen kann und die lediglich als temporäre Variable genutzt werden soll. Wenn lokale Variablen allokiert oder freigegeben werden sollen, so muß gewährleistet sein, daß alle Prozesse die gleiche Sequenz von Allokationen und Freigaben durchführt. Bei der Allokation signalisiert man **MAMMUT** durch die Konstante MMMClocal, daß eine solche Zelle angefordert werden soll.

Falls es häufiger vorkommt, daß ein Prozeß Zellen anfordert, in denen nur kurzzeitig Daten zwischengespeichert werden sollen und auf die nur dieser Prozeß zugreifen kann, sollte dafür ein eigener Typ von Zellen mit einer eigenen Konstanten wie z.B. MMMCtmp eingeführt werden.

Unmoveable: Jede **MAMMUT**-Zelle enthält die Information, ob sie verschiebar ist oder nicht. Möglicherweise werden Speicherzellen benötigt, für die es wichtig ist, daß sie an einer bestimmten Stelle im Speicher liegen und nicht verschoben werden können.

[5] Diese Funktion muß der Benutzer von **MAMMUT** selbst schreiben.
[6] Dies ist zumindest der Fall, wenn zwei Prozesse auf verschiedenen Architekturen laufen.

System: Es kann **MAMMUT**-Zellen geben, die nicht in einem Speicherbereich liegen, der von **MAMMUT** verwaltet werden kann. Wird eine solche Speicherzelle freigegeben, so darf **MAMMUT** damit keine weiteren Aktionen durchführen.

Bild 3.1 zeigt den Aufbau einer **MAMMUT**-Zelle.

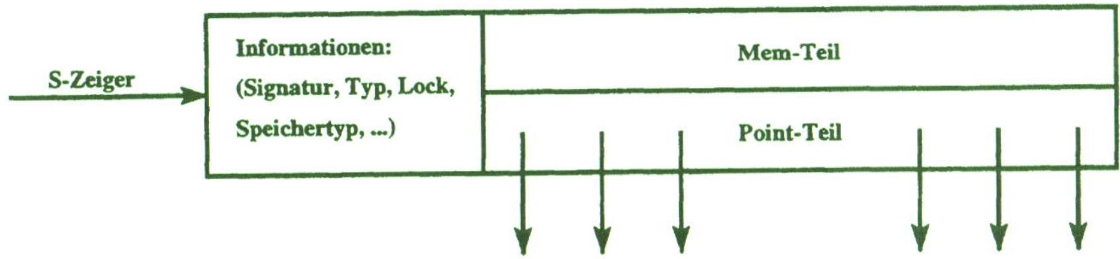

Abbildung 3.1: Der Aufbau einer **MAMMUT**-Zelle

3.3 Initialisierung von MAMMUT

Bevor MAMMUT verwendet werden kann, müssen folgende Funktionen ausgeführt werden:

void MMMfirst_init()

void MMMinit(char *name)

Die Funktion **MMMfirst_init** sollte direkt nach Aufruf des Programms aufgerufen werden. Die Funktion **MMMinit** muß aufgerufen werden, bevor eine andere **MAMMUT**-Funktion aufgerufen wird. Diese Funktion initialisiert die internen Datenstrukturen der Speicherverwaltung und erzeugt die Prozesse, die zusammen das Programm repräsentieren. Als Argument bekommt die Funktion einen String, der den Namen eines Files beschreibt, das genauer spezifiziert, wie **MAMMUT** initialisiert werden soll. Das Format dieser Datei hängt von der verwendeten **MAMMUT**-Implementation ab. Aufrufe der Funktionen **SHARED_INIT**, **GLOBAL_INIT** und **VALUE_INIT** dürfen nur nach der Funktion **MMMfirst_init** und vor der Funktion **MMMinit** durchgeführt werden.

Wenn MAMMUT nicht mehr benötigt wird, können die internen Strukturen mit Hilfe der Funktion

void MMMexit()

abgebaut werden. Bevor diese Funktion aufgerufen wird, müssen für alle Variablen die entsprechenden **SHARED_EXIT**, **GLOBAL_EXIT** bzw. **VALUE_EXIT** Funktionen aufgerufen werden.

3.4 Allokation

S_Pointer MMMmalloc(long Memtyp, typ, size, count)

S_Pointer MMMpalloc(long Memtyp, typ, size, count)

S_Pointer MMMcalloc(long Memtyp, typ, size, count)

Jede dieser Funktionen allokiert eine **MAMMUT**-Zelle und gibt einen S-Zeiger auf diese Zelle zurück. Der Mem-Typ dieser Speicherzelle ist **Memtyp** und der Typ ist **typ**. **Memtyp** kann die Werte MMMCglobal und MMMClocal annehmen (siehe 3.2); **typ** kann ein Wert vom C-Typ long sein — die Bedeutung eines Typen kann vom Benutzer frei festgelegt werden. Der

Mem-Teil der angeforderten Zelle ist mindestens **size** Bytes lang[7] und der Point-Teil hat genau **count** Einträge.

Es ist sichergestellt, daß kein anderer regulärer S-Zeiger auf diese **MAMMUT**-Zelle verweist.

Sowohl der Mem- als auch der Point-Teil der von der Funktion **MMMmalloc** zurückgegebenen Zelle sind nicht initialisiert, d.h. diese können völlig zufällige Werte enthalten.

Dagegen sind im Point-Teil einer mit **MMMpalloc** angeforderten Zelle alle Einträge auf MMMNULL gesetzt, der Inhalt des Mem-Teils ist zufällig.

Die Einträge im Point-Teil einer mit **MMMcalloc** angeforderten Zellen sind alle mit MMMNULL und der Mem-Teil mit 0 initialisiert, d.h. alle Bits des Mem-Teils werden auf 0 gesetzt.

Die Funktion

S_Pointer MMMforce_data(long Memtyp, typ, char *data, long size)

erzeugt einen S-Zeiger, der den Mem-Typ **Memtyp** und den Typ **typ** hat. Der Mem-Teil dieser Zelle beginnt bei der Speicheradresse **data** und ist **size** Bytes lang. Der Point-Teil der Zelle enthält 0 Einträge. Zudem wird die Zelle als dem System gehörend gekennzeichnet. Bei einer Freigabe dieser Zelle weiß **MAMMUT** dann, daß der Speicherbereich nicht von **MAMMUT** bearbeitet wird.

3.5 Freigabe

Damit **MAMMUT** mit Hilfe eines Referenzzählers implementiert werden kann, müssen alle Zellen, die nicht mehr benötigt werden, freigegeben werden. Dafür dienen die Funktionen:

void MMMfree(S_Pointer s)

void MMMlfree(S_Pointer s)

Diese Funktionen erniedrigen den Referenzzähler der Zelle, auf die s verweist um das Gewicht von s. Wird das Gewicht dieser Zelle dadurch 0, so wird die Zelle wirklich freigegeben.

Wird die Zelle wirklich freigegeben, so erniedrigt die Funktion **MMMfree** die Referenzzähler der Zellen, auf die die Elemente des Point-Teils verweisen um die Gewichte der entsprechenden S-Zeiger und führt dies rekursiv durch.

MMMlfree dagegen verändert die Referenzzähler der Zellen, auf die die Elemente des Point-Teils zeigen *nicht*, arbeitet also nicht rekursiv. Diese Funktion wird benötigt, wenn im Point-Teil einer Zelle S-Zeiger gespeichert sind, die aus Effizienzgründen nicht kopiert worden sind. Dies hat allerdings den Nachteil, daß selbst wenn das Root Set genau bekannt ist, die Referenzzähler durch einen Mark-Durchlauf nicht mehr neu berechnet werden können.

Wird eine Zelle wirklich freigegeben und wurde der Speicherbereich der Zelle nicht von **MAMMUT** allokiert — d.h. die Zelle wurde mit **MMMforce_data** allokiert, wird die Funktion, die in

void (*MMMVsystemfree)(S_Pointer s)

gespeichert ist, mit dem entsprechenden S-Zeiger als Argument aufgerufen. Diese Funktion ermöglicht es dem System, eine eigene Freigabe-Funktion aufzurufen.

[7] Der Mem-Teil kann aber auch größer sein.

3.6 Größenveränderung

Manchmal stellt man während der Laufzeit fest, daß die Größe einer Zelle nicht mehr richtig ist und die Größe deshalb angepaßt werden sollte. Dies kann man prinzipiell implementieren, indem man eine neue Zelle der entsprechenden Größe alloziiert, die entsprechenden Daten kopiert und die alte Zelle freigibt[8].

Diese Funktionalität wird bereits von **MAMMUT** durch folgende Funktionen zur Verfügung gestellt:

void MMMresize(S_Pointer *s, long size)
void MMMnewcounter(S_Pointer *s, long count)
void MMMrealloc(S_Pointer *s, long size, count)

Die Funktion **MMMresize** stellt sicher, daß der Mem-Teil der Zelle, auf die ***s** zeigt, nach der Funktion mindestens **size** Bytes groß ist. Es wurde soviel Inhalt wie in den Mem-Teil der neuen Zelle hineinpaßt aus der Speicherzelle, auf die ***s** vor dem Funktionsaufruf gezeigt hat, kopiert. Ist der Mem-Teil der neuen Zelle größer als der Mem-Teil der alten, so sind die überzähligen Bytes undefiniert. Der Point-Teil der neuen Zelle ist gleich dem Point-Teil der alten Zelle.

Die Funktion **MMMnewcounter** stellt sicher, daß der Point-Teil der Zelle, auf die ***s** nach der Funktion zeigt, **count** Einträge besitzt, die soweit wie möglich den Einträgen im Point-Teil der alten Zelle gleichen. Überzählige Zeiger im Point-Bereich der neuen Zelle sind undefiniert. Der Mem-Teil der neuen Zelle ist gleich dem Mem-Teil der alten Zelle.

Ein Aufruf der Form **MMMrealloc(s, size, count)** kann implementiert werden durch die Aufrufe **MMMresize(s, size)** ; **MMMnewcounter(s, count)**.

Keine der drei in diesem Abschnitt beschriebenen Funktionen stellt sicher, daß nach der Funktion lediglich ein S-Zeiger auf diese Zelle verweist.

3.7 Vergleichen und Kopieren

Zwei S-Zeiger, die auf die gleiche **MAMMUT**-Zelle zeigen, müssen nicht notwendiger Weise den gleichen C-Wert haben, so daß ein Vergleich mit == falsche Ergebnisse liefern kann. Deshalb stellt **MAMMUT** die Funktion

int MMMequal(S_Pointer s, t)

zur Verfügung. Diese Funktion liefert 1, wenn **s** und **t** auf die gleiche **MAMMUT**-Zelle verweisen, sonst 0.

Wird nicht immer eine vollständige Unique Data Representation durchgeführt, so können auch S-Zeiger, für die **MMMequal** eine 0 liefert, strukturell übereinstimmen. Um die strukturelle Ungleichheit von S-Zeigern sehr schnell erkennen zu können, kann man jeder **MAMMUT**-Zelle eine Signatur zuordnen (siehe 3.2 auf Seite 33). Mit Hilfe dieser Signaturen kann man strukturell ungleiche Zeiger mit sehr großer Wahrscheinlichkeit sehr schnell als ungleich erkennen [60]. Die Funktionen zum Verändern und Lesen von Signaturen werden in Abschnitt 3.9.3 auf Seite 42 beschrieben.

Soll MAMMUT mit Hilfe eines Referenzzähl-Kollektors implementiert werden, so muß der Speicherverwaltung mitgeteilt werden, wenn S-Zeiger kopiert werden, damit die Referenzzähler

[8]Die Freigabe ist nur nötig, falls man sicherstellen will, daß **MAMMUT** auch mit einem Referenzzähler implementiert werden kann.

der entsprechenden Zellen bzw. die Gewichte der entsprechenden S-Zeiger aktualisiert werden können.

Zu diesem Zweck gibt es folgende Funktionen:

void MMMset(S_Pointer *p, s)
void MMMreplace(S_Pointer *p, s)
void MMMcopy(S_Pointer s)
void MMMshift(S_Pointer sour, long spos, S_Pointer dest, long dpos, count)

Die Funktion **MMMset** läßt ***p** auf die gleiche Zelle wie s zeigen und aktualisiert den Referenzzähler der Zelle entsprechend. Diese Funktion kombiniert also eine Zuweisung mit einer Information an **MAMMUT**. Die Funktion geht dabei davon aus, daß der Wert ***p** vor dem Aufruf nicht freigegeben werden muß.

Die Funktion **MMMreplace** arbeitet genauso wie die Funktion **MMMset**, nur daß angenommen wird, daß an der Stelle ***p** ein gültiger Zeiger steht, der vor der Zuweisung freigegeben werden muß.

Die Funktion **MMMcopy** teilt der Speicherverwaltung mit, daß es einen weiteren Zeiger auf die Zelle, auf die s verweist, gibt. Wird diese Funktion verwendet, so kann MAMMUT nicht mit Hilfe gewichteter Referenzzähler implementiert werden.

Die Funktion **MMMshift** kopiert einen Teilabschnitt des Point-Teils von **sour** in den Point-Teil von **dest**, ohne dabei die Referenzzähler der überschriebenen S-Zeiger zu erniedrigen. Der kopierte Teilbereich fängt ab dem S-Zeiger mit dem Index **spos** im Point-Teil von **sour** an und ist **count** Einträge lang. Die erste Position, an die im Point-Teil von **dest** geschrieben wird, ist **dpos**.

3.8 Zugriff auf den Inhalt

3.8.1 Veränderung ohne Seiteneffekte

Der Inhalt von **MAMMUT**-Zellen soll natürlich sowohl gelesen als auch verändert werden. Wenn man den Inhalt von Zellen verändert, muß man berücksichtigen, daß möglicherweise mehr als ein Verweis auf diese Zelle existiert. Eine Änderung des Inhalts einer Zelle ist für alle S-Zeiger auf diese Zelle sichtbar, es entsteht ein sogenannter Referenzeffekt.

Dies ist in vielen Fällen nicht erwünscht, und es muß deshalb die Möglichkeit bestehen, **MAMMUT** mitzuteilen, daß man den Inhalt einer Zelle ändern möchte, ohne daß dadurch andere S-Zeiger beeinflust werden können. Dafür gibt es die Funktion:

void MMMchange(S_Pointer *s)

Nach dieser Funktion zeigt ***s** auf eine Zelle mit exakt dem gleichen Inhalt wie vor der Funktion, es ist aber sichergestellt, daß von keiner anderen Stelle aus auf diese Zelle gezeigt wird. Wird der Inhalt der Zelle nach Aufruf dieser Funktion verändert, so ist also gewährleistet, daß keine Referenzeffekte auftreten. Soll nicht der Inhalt der Zelle verändert werden, auf die ein Zeiger s direkt verweist, sondern der Inhalt einer Zelle, auf die s nur indirekt verweist, so muß der Speicherverwaltung für alle Zellen, die auf dem Weg von der Zelle, auf die s zeigt bis zur Zelle, die verändert werden soll, mitgeteilt werden, daß diese verändert werden müssen. In Bild 3.2 soll z.B. der Inhalt der Zelle B von s ausgehend verändert werden. Dazu muß ein **MMMchange** sowohl auf die Zelle A als auch auf die Zelle B angewandt werden. Da die Zelle C nicht auf dem Weg zur Zelle B liegt, muß **MMMchange** nicht auf diese Zelle angewandt werden.

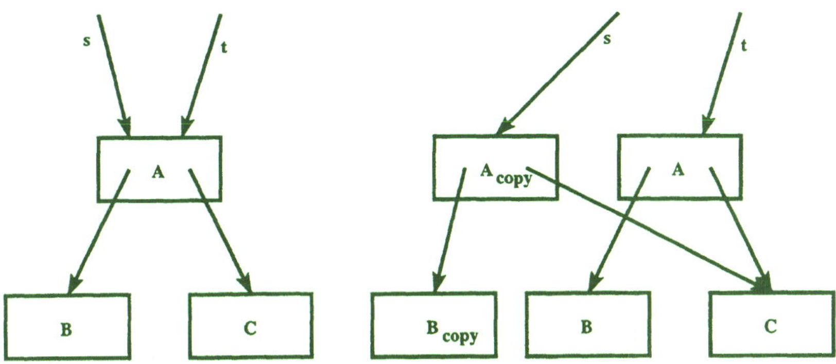

Abbildung 3.2: Anwendung von MMMchange() zur Vermeidung des Referenzeffekts

Wird die Funktion **MMMchange** auf einen Zeiger angewandt, der auf einen S-Zeiger zeigt, der auf eine Zelle verweist, die dem System gehört, so wird die Funktion, die in

void (*MMMVsytemchange)(S_Pointer *s)

gespeichert ist, mit diesem Zeiger aufgerufen. **MAMMUT** selbst macht mit diesem Zeiger nichts. Dadurch wird eine angemessene Reaktion auf die Funktion auch für Zellen ermöglicht, die dem System gehören.

3.8.2 Zugriff auf den Mem-Teil

Für den Zugriff auf den Mem-Teil einer **MAMMUT**-Zelle stehen folgende Funktionen für einen beliebigen C-Typ T zur Verfügung:

T* MMMZ(S_Pointer *s, C-Typ T, long use)
T* MMMarr(S_Pointer *s, long i, C-Typ T, long use)
T* MMMmv(S_Pointer *s, long mv, C-Typ T, long use)
T* MMMmvarr(S_Pointer *s, long mv, i, C-Typ T, long use)

All diese Funktionen liefern einen C-Zeiger zurück, der in den Mem-Teil der Zelle *s verweist. Mit Hilfe der in C üblichen Operationen kann der Inhalt der Zelle an dieser Stelle ausgelesen oder verändert werden. Zu beachten ist allerdings, daß diese Zeiger sehr schnell ungültig werden können, wenn die Speicherverwaltung Zellen kopieren kann. Soll **MAMMUT** also mit einem kopierenden Garbage Kollektor implementiert werden, so dürfen solche Zeiger entweder nicht gespeichert werden oder die Zeiger, die gespeichert werden, müssen **MAMMUT** mit Hilfe der Funktion **MMMpoolinsert** (siehe 3.8.4) bekannt gemacht werden[9].

All diese Funktionen erhalten als Argument einen Zeiger s auf einen S-Zeiger, da **MAMMUT** die Möglichkeit erhalten soll, *s zu verändern und auf diese Weise einen Zustand in *s zu speichern. Dies ist z.B. nützlich, wenn **MAMMUT** auf einem verteilten System läuft und die Zellen über die Speicher der einzelnen Rechner verteilt sein können. Wird auf den Inhalt einer Zelle zugegriffen, so muß diese Zelle erst importiert werden. Damit folgende Zugriffe schnell sind und da der Programmierer auch Zeigerarithmetik verwenden kann, muß die Zelle auf dem Rechner, von dem zugegriffen wurde, gecacht werden. Um die gecachte

[9]Falls **MAMMUT** mit Hilfe eines Mostly-Copying Kollektors implementiert wird (siehe 2.9), so brauchen nicht alle Zeiger, die in eine Zelle verweisen, markiert zu werden.

Zelle schneller auffinden zu können, kann der S-Zeiger ***s** verändert werden[10]. Einen solchen veränderten Zeiger nennt man aktiv. Mit Hilfe der Funktion **MMMinactiv** (siehe 3.8.5) kann der Programmierer **MAMMUT** mitteilen, daß eine Zelle in naher Zukunft nicht mehr benötigt wird und deshalb auch nicht mehr gecacht werden muß — der S-Zeiger wird durch diese Funktion inaktiv.

Alle Funktionen erhalten als letztes Argument einen Wert **use**, mit dem sie **MAMMUT** mitteilen, wie der so erzeugte Zeiger benutzt wird. Momentan kann **use** die Werte MMMread und MMMwrite haben. Übergibt der Programmierer den Wert MMMread, so darf mit dem erzeugten Zeiger nur lesend auf den Inhalt der Zelle zugegriffen werden[11]. Wird dagegen der Wert MMMwrite übergeben, so darf aus der Zelle sowohl gelesen als auch in die Zelle geschrieben werden.

Die Funktion **MMMZ** liefert einen Zeiger auf den Anfang des Mem-Teils von ***s**.

Die Funktion **MMMarr** faßt den Mem-Teil von ***s** als Array mit Elementen vom C-Typ **T** auf und liefert einen Zeiger auf das **i**-te Element dieses Arrays.

Die Funktion **MMMmv** liefert einen Zeiger auf das **mv**-te Byte des Mem-Teils von ***s**.

Die Funktion **MMMmvarr** nimmt an, daß im Mem-Teil von ***s** ab dem **mv**-ten Byte ein Array mit Einträgen des Typ **T** liegt und liefert einen Zeiger auf das **i**-te Element zurück.

3.8.3 Zugriff auf den Point-Teil

Für den Zugriff auf den Point-Teil einer Zelle gibt es die Funktion:

S_Pointer* MMMP(S_Pointer *s, long i, use)

Die Funktion liefert einen Zeiger auf den **i**-ten Eintrag im Point-Teil der Zelle, auf die ***s** zeigt.

Für die Argumente ***s** und **use** gelten die gleichen Regeln wie bei diesen Argumenten für die Funktion **MMMZ**. Zudem besteht noch das Problem, daß Read- und Write-Barriers implementiert werden können müssen, wenn **MAMMUT** durch einen inkrementellen oder parallelen Garbage Kollektor implementiert werden soll. Dies bedeutet, daß Zeiger, die durch die Funktion **MMMP** erhalten wurden, nicht gespeichert oder verändert werden dürfen, wenn **MAMMUT** mit Hilfe von Read- oder Write-Barriers ohne Hardware-Unterstützung implementiert werden soll. Sie dürfen lediglich für direktes Auslesen oder Zuweisen benutzt werden[12]. Ein solcher Zeiger darf auch dann nicht gespeichert werden, wenn er durch die Funktion **MMMpoolinsert** (siehe 3.8.4) der Speicherverwaltung bekannt gemacht worden ist!

3.8.4 Zeiger in eine Zelle

Mit Hilfe der oben beschriebenen Funktionen können Zeiger in den Mem- und Point-Teil einer Zelle erzeugt werden. Diese Zeiger können auch in Variablen zwischengespeichert werden. Verschiebt **MAMMUT** allerdings Zellen im Speicher, so können Zeiger in eine Zelle

[10] Indem in *s z.B. nicht mehr der normale S-Zeiger sondern ein direkter Zeiger auf die Zelle gespeichert wird, kann der S-Zeiger markiert werden. Bei späteren weiteren Zugriffen auf den Inhalt der Zelle kann die Zelle auf diese Weise sehr schnell gefunden werden.

[11] Durchgeführte Änderungen werden in einem verteilten System je nach Implementation von MAMMUT möglicherweise wieder vergessen, da eine gecachte nur lesend aktive Zelle von MAMMUT nicht notwendigerweise zurückgeschrieben wird.

[12] Für eine solche Zuweisung kann auch die Funktion MMMset benutzt werden.

inaktuell werden, und diese dürfen dann nicht mehr benutzt werden. Allerdings kann der Programmierer nicht feststellen, wann diese Zeiger inaktuell werden. Möchte der Programmierer Zeiger in eine Zelle über längere Zeit speichern, so kann er dies **MAMMUT** mitteilen. Dafür existieren die Funktionen:

void MMMpoolinsert(T **p)
void MMMpooldelete(T **p)
void MMMpoolinit()

Mit Hilfe der Funktion **MMMpoolinsert** wird der Speicherverwaltung mitgeteilt, daß der Zeiger, der an der Stelle ***p** gespeichert ist, beim Verschieben von **MAMMUT**-Zellen immer entsprechend aktualisiert werden soll, d.h. er soll unabhängig vom Verschieben der Zellen immer an die gleiche Stelle in der gleichen Zelle zeigen. **p** darf dabei nicht in eine **MAMMUT**-Zelle zeigen. Dies ist aber auch nicht nötig, da innerhalb einer **MAMMUT**-Zelle ohnehin kein Zeiger stehen darf, der in eine **MAMMUT**-Zelle verweist.

Mit Hilfe der Funktion **MMMpooldelete** wird **MAMMUT** mitgeteilt, daß der Zeiger, der an der Stelle ***p** steht, beim Verschieben von Zellen nicht mehr entsprechend aktualisiert zu werden braucht.

Mit Hilfe der Funktion **MMMpoolinit** kann die Menge der Zeiger, die bei einer Verschiebung von Zellen aktualisiert werden müssen, gelöscht werden.

3.8.5 Ende eines Zugriffs

Wird mit den obigen Funktionen ein Zeiger in den Mem- oder Point-Teil einer Zelle erzeugt, so kann **MAMMUT** diese im lokalen Speicher cachen[13] oder andere Optimierungen durchführen. Möchte der Programmierer **MAMMUT** mitteilen, daß eine Zelle nicht mehr gecacht werden muß, dann kann er dies der Speicherverwaltung mit Hilfe der Funktion

void MMMinactiv(S_Pointer *s)

mitteilen. Nach dieser Inaktivierung dürfen keine weiteren Zeiger in den Mem- oder Point-Teil der Zelle benutzt werden.

Wird ein aktiver S-Zeiger einer Variablen zugewiesen — dies kann auch durch eine Übergabe als Parameter an eine Funktion passieren —, so ist der S-Zeiger in dieser Variablen als aktiv gekennzeichnet[14]. Dieser neue aktive S-Zeiger ist **MAMMUT** nicht bekannt, so daß die weitere Verwendung dieses neuen S-Zeigers **MAMMUT** verwirrt. Soll einer Variablen ein S-Zeiger zugewiesen werden, der aktiv ist[15], so kann mit der Funktion

S_Pointer MMM(S_Pointer s)

ein S-Zeiger erzeugt werden, der nicht aktiv ist und auf dieselbe Zelle verweist. Dieser S-Zeiger darf einer anderen Variablen zugewiesen werden.

Zur Illustration dieses Problems betrachte man folgendes (unsinnige) Programmbeispiel:

```
*MMMZ( &s, long, MMMwrite ) = 0 ;    (1)
t = s ;                              (2)
```

[13] **MAMMUT** muß eine Zelle, auf die zugegriffen wird, sogar im lokalen Speicher halten, wenn keine Hardware-Unterstützung ausgenutzt wird, da **MAMMUT** den Zugriff auf den Inhalt der Zelle mit Hilfe von normalen C-Zeigern unterstützt, die Operationen auf normalen C-Zeigern von **MAMMUT** aber nicht beeinflußt werden können.

[14] Dies ist abhängig von der Implementation von **MAMMUT**, aber eine natürliche und effiziente Implementation von **MAMMUT** verändert S-Zeiger, um sie als aktiv zu kennzeichnen. Dies wird durch die normale Zuweisung mitkopiert.

[15] Oder wenn die Möglichkeit besteht, daß dieser Zeiger aktiv ist

```
f(s) ;                              (3)
u = MMM(s) ;                        (4)
MMMinactiv( &s ) ;                  (5)
*MMMZ( &t, long, MMMwrite ) = 1 ;   (6)
*MMMZ( &u, long, MMMwrite ) = 2 ;   (7)
```

Nach Ausführung der Zeile (1) ist s aktiv, und **MAMMUT** hat die entsprechende Zelle in einem verteilten System importiert[16]. Da möglicherweise im folgenden nochmals auf die Speicherzelle zugegriffen wird, wird die Zelle gecacht. Die Zeilen (2) und (3) kopieren das veränderte `s`, und die Variablen, denen `s` zugewiesen wurde, sind deshalb auch als aktiv gekennzeichnet — in diesem Fall sind dies `t` und der Parameter von `f`. Der Variablen u dagegen wird der Wert von s zugewiesen, ohne daß u danach aktiv ist[17]. Nach der Zeile (5) löscht **MAMMUT** die gecachte Zelle aus dem eigenen Speicher, da bekannt ist, daß diese nicht weiter benötigt wird. In der Zeile (6) wird auf den Mem-Teil der Zelle wieder zugegriffen. Da `t` als aktiv gekennzeichnet ist, geht **MAMMUT** davon aus, daß die Zelle nicht mehr importiert zu werden braucht und führt möglicherweise fehlerhafte Aktionen durch. Beim Zugriff in Zeile (7) dagegen ist **MAMMUT** bekannt, daß u nicht aktiv ist und die Zelle deshalb erst importiert werden muß.

3.9 Zugriff auf Statusinformationen

Mit jeder **MAMMUT**-Zelle sind eine Reihe von Statusinformationen verbunden, die abgefragt und auch verändert werden können. Alle Veränderungen arbeiten mit Seiteneffekt, d.h. die Veränderungen sind auch für alle anderen S-Zeiger, die auf die gleiche **MAMMUT**-Zelle verweisen, sichtbar.

3.9.1 Größe einer Zelle

Mit Hilfe der Funktionen
long MMMsize(S_Pointer s)
long MMMcounter(S_Pointer s)
ist es möglich, die Größe des Mem-Teils in Byte bzw. die Größe des Point-Teils in S-Zeigern der Zelle, auf die s zeigt, zu erfragen.

3.9.2 Typinformation

Zur Abfrage und Veränderung des Typs einer Zelle stehen folgende Funktionen zur Verfügung:
long MMMtype(S_Pointer s)
void MMMnewtype(S_Pointer s, long typ)

3.9.3 Signatur

Zur Abfrage und Veränderung der Signatur einer Zelle stehen folgende Funktionen zur Verfügung:

[16] Nach dem Aufruf kann s z.B. einen Zeiger direkt auf die importierte Zelle enthalten.

[17] Durch diese Zuweisung wird das Aktivsein von s nicht beeinflußt

long MMMsignature(S_Pointer s)
void MMMnewsignature(S_Pointer long, long sig)

3.9.4 Lock

Jede **MAMMUT**-Zelle besitzt ein eigenes Lock, das mit Hilfe folgender Funktionen gesetzt bzw. zurückgesetzt werden kann:

void MMMlock(S_Pointer s)
void MMMunlock(S_Pointer s)

Die Funktion **MMMlock** wartet solange, bis das Lock des S-Zeigers nicht gesetzt ist und setzt es dann. Wie üblich ist das Testen und Setzen des Locks eine atomare Aktion.

3.9.5 Unverschiebbarkeit

Jede **MAMMUT**-Zelle kann als unverschiebbar gekennzeichnet werden. Dies geschieht mit Hilfe der Funktion

void MMMunmoveable(S_Pointer s, long b)

Die Funktion markiert **s** als verschiebbar, wenn **b** den Wert 0 hat. Sonst wird **s** als unverschiebbar gekennzeichnet.

3.10 Kommunikation mit anderen Prozessen

Durch die Initialisierungsfunktion **MMMinit** werden die Prozesse erzeugt, aus denen das Programm besteht.. Die Anzahl der insgesamt erzeugten Prozesse ist in

long MMMVnumber_of_processes

gespeichert. Jedem Prozeß wird eine eindeutige Nummer zugeordnet, die in

long MMMVson

gespeichert ist.

Die erzeugten Prozesse haben keine gemeinsamen Variablen und können deshalb zunächst auch nicht kommunizieren. Damit diese Prozesse doch miteinander kommunizieren können, stellt MAMMUT mit Hilfe einer funktionalen Schnittstelle globale Daten zur Verfügung:

S_Pointer MMMread_shared(long i)
void MMMwrite_shared(long i, S_Pointer s)

Aus logischer Sicht implementiert **MAMMUT** ein globales Array von S-Zeigern, aus dem alle zugehörigen Prozesse mit Hilfe der Funktion **MMMread_shared** lesen und das alle Prozesse mit Hilfe der Funktion **MMMwrite_shared** verändern können. Wieviele Einträge dieses logische globale Array hat, hängt von der Implementation ab, es muß allerdings mindestens einen Eintrag zum Index 0 haben.

Häufig ist es nicht nur notwendig, daß alle Prozesse untereinander Daten austauschen können, sondern daß auch genau die Prozesse, die auf einem gemeinsamen Rechner laufen, Daten austauschen können. Prinzipiell wäre dies mit Hilfe der globalen Daten zu implementieren, **MAMMUT** bietet aber eine funktionale Schnittstelle zur Erleichterung dieser Kommunikation:

S_Pointer MMMread_local_shared(long i)
void MMMwrite_local_shared(long i, S_Pointer s)

Ähnlich wie bei den globalen Daten implementiert **MAMMUT** aus logischer Sicht für alle Prozesse, die auf dem gleichen Rechner laufen, ein lokales Array von S-Zeigern, aus dem alle zugehörigen Prozesse mit Hilfe der Funktion **MMMread_local_shared** lesen und das alle zugehörigen Prozesse mit Hilfe der Funktion **MMMwrite_local_shared** verändern können. Wieviele Einträge dieses logische lokale Array hat, hängt von der Implementation ab, es muß allerdings mindestens einen Eintrag zum Index 0 haben.

Hat ein Prozeß nichts zu tun, so sollte er kein buzy waiting durchführen, sondern er sollte sich schlafen legen können und so keine Rechenzeit beanspruchen. Andere Prozesse müssen dann die Möglichkeit haben, den schlafenden Prozeß wieder aufzuwecken. Zu diesem Zweck stehen folgende Funktionen zur Verfügung:

void MMMprepare_sleep()
void MMMsleep()
void MMMwake_up(long pid)

Üblicherweise legt sich ein Prozeß schlafen, wenn er keine Arbeit mehr hat. Dies muß er durch einen Test feststellen. Vergeht zwischen dem Test und dem Schlafenlegen Zeit, so kann in dieser Zeit neue Arbeit anfallen, die der Prozeß, der diese eigentlich durchführen müßte, nicht durchführt, da er die Arbeit nicht mehr als auszuführen erkennt aber ein Aufwecksignal, das ein anderer Prozeß schickt, ignoriert, da er noch nicht schläft. Mit Hilfe des Funktionenpaares **MMMprepare_sleep** und **MMMsleep** kann deshalb ein kritischer Bereich implementiert werden. Durch die Funktion **MMMsleep** legt sich der Prozeß wirklich schlafen.

Mit Hilfe der Funktion **MMMwake_up** kann ein Prozeß einen anderen Prozeß aufwecken. Es wird derjenige Prozeß aufgeweckt, der den durch **pid** spezifizierten Wert in seiner Variablen **MMMVson** gespeichert hat[18].

3.10.1 Globale C-Variablen

Moderne Betriebssysteme stellen die Möglichkeit, multi-threaded Programme zu schreiben, zur Verfügung. Unglücklicher Weise gibt es keine Thread-lokalen Variablen[19], so daß Programme, die Prozeß-lokale[20] Variablen verwenden, nur schwer auf Threads umzustellen sind. Die Verwendung von gemeinsamen globalen Variablen ist in multi-threaded Programmen dagegen kein Problem. Bei der Verwendung von mehreren Prozessen dagegen ist die Verwendung Prozeß-lokaler Variablen kein Problem, während es schwierig ist, gemeinsame globale Variablen zu erzeugen. Zudem ist die **MAMMUT**-Schnittstelle für den Zugriff auf globale Daten etwas umständlich. Deshalb gibt es eine Erweiterung der **MAMMUT**-Schnittstelle, die den Zugriff auf Prozeß-lokale bzw. Thread-lokale Variablen und auf gemeinsame globale Variablen unabhängig davon macht, ob Threads oder Prozesse benutzt werden.

Für gemeinsame Variablen stehen folgende Definements zur Verfügung:

SHARED_DECL(Typ, Name)
SHARED_DEF(Typ, Name)
SHARED_INIT(Typ, Name)
SHARED_EXIT(Name)
Typ SHARED_READ(Name)

[18] Der Wert von **pid** hat nicht mit der process id zu tun, die vom Betriebssystem vergeben wird.

[19] Thread-lokale Variablen sind Variablen, die global in einem Thread sind, die aber nicht von mehreren Threads geteilt werden.

[20] Prozeß-lokale Variablen sind Variablen, die global in einem Prozeß sind, die aber nicht von mehreren Prozessen geteilt werden.

SHARED_WRITE(Name, Value)

Mit Hilfe des Definements **SHARED_DECL** wird eine gemeinsame globale Variable mit dem C-Typ **Typ** und dem Namen **Name** deklariert. Das Definement **SHARED_DEF** definiert eine gemeinsame globale Variable mit dem C-Typ **Typ** und dem Namen **Name**. Diese Variable muß vorher mit demselben Typ in einem Headerfile deklariert worden sein. Bevor eine gemeinsame globale Variable benutzt werden kann, muß sie mit Hilfe des Definements **SHARED_INIT** initialisiert werden. Die Initialisierung muß nach dem Aufruf der Funktion **MMMfirst_init** und vor dem Aufruf der Funktion **MMMinit** geschehen[21]. Die Variable muß vorher mit demselben Typ definiert worden sein. Ausgelesen kann die gemeinsame Variable mit der Funktion **SHARED_READ** werden. Eine Zuweisung erfolgt mit **SHARED_WRITE**. Wird die Variable nicht mehr benötigt, sollte sie mit Hilfe des Definements **SHARED_EXIT** gelöscht werden.

Für Thread-lokale bzw. Prozeß-lokale Variablen stehen folgende Definements zur Verfügung:

GLOBAL_DECL(Typ, Name)
GLOBAL_DEF(Typ, Name)
GLOBAL_INIT(Typ, Name)
GLOBAL_EXIT(Name)
Typ GLOBAL_READ(Name)
GLOBAL_WRITE(Name, Value)

Sollte in einem Programm eine Prozeß-lokale globale Variable erzeugt werden — dies sollte soweit wie möglich vermieden werden! —, so sollte dies immer mit Hilfe der GLOBAL_-Definements geschehen, da das Programm nur dann mit Hilfe einer Multi-Threaded-Implementation lauffähig ist. Die Schnittstelle gleicht in ihrer Anwendung der Schnittstelle der SHARED_-Definements.

Wird eine Porzeß-lokale globale Variable nur dazu benutzt, einen Wert zu speichern, der sich während der gesamten Laufzeit nicht ändert, so kann diese Variable möglicherweise effizienter gespeichert werden und es gibt eigene Definements für solche Variablen:

VALUE_DECL(Typ, Name)
VALUE_DEF(Typ, Name)
VALUE_INIT(Typ, Name)
VALUE_EXIT(Name)
Typ VALUE_READ(Name)
VALUE_WRITE(Name, Value)

Die Schnittstelle gleicht in ihrer Anwendung der Schnittstelle der SHARED_-Definements.

3.11 Definition des Root Sets

Alle Garbage Kollektoren außer den Referenzzähl-Kollektoren benötigen die Kenntnis des Root Sets[22], um eine Garbage Collection durchführen zu können. Um **MAMMUT** dieses Root Set bekannt zu machen, stehen folgende Funktionen zur Verfügung:

void MMMinsert_global(S_Pointer *p)
void MMMdelete_global(S_Pointer *p)

[21] In dieser Phase existiert nur ein Prozeß, so daß die Variable nur einmal initialisiert wird.

[22] Manche Algorithmen benötigen nur eine Obermenge des Root Sets und können diese aus dem Stack des Programms herausfinden.

Mit der Funktion **MMMinsert_global** wird **MAMMUT** mitgeteilt, daß im Speicher an der Stelle **p** ein Element des Root Sets steht.

Häufig wird die Schnittstelle von **MAMMUT** nicht so angewandt werden, daß das Root Set zu allen Zeitpunkten bekannt ist, so daß die Garbage Collection zu solchen Zeitpunkten nicht von einem Copying Garbage Kollektor durchgeführt werden kann. Trotzdem gibt es meistens Zeitpunkte, wo das gesamte Root Set und auch alle Zeiger in **MAMMUT**-Zellen bekannt sind. Zu solchen Zeitpunkten kann **MAMMUT** mit Hilfe der Funktion

void MMMfree_unused()

dazu aufgefordert werden, eine möglicherweise kompaktifizierende Garbage Collection durchzuführen.

Kapitel 4

Programmbeispiele

In diesem Kapitel soll anhand einer Reihe von Beispielen erläutert werden, wie mit Hilfe von **MAMMUT** programmiert werden kann umd muß. In den Beispielen kommen nicht alle Funktionen der **MAMMUT**-Schnittstelle vor, die wichtigsten Funktionen werden aber verwendet.

Für die ersten beiden Probleme werden jeweils 2 verschiedene Implementationen angegeben, um die verschiedenen Möglichkeiten der Schnittstelle und die mit verschiedenen Implementationen verbundenen Probleme aufzuzeigen.

4.1 Initialisierung eines Strings

In diesem Beispiel werden zwei Implementationen einer Funktion vorgestellt, die einen C-String und zwei S-Zeiger als Argumente erhält. Die Funktion erzeugt einen S-Zeiger im gemeinsamen Speicher, der im Mem-Teil den C-String (inklusive der abschließenden 0) und im Point-Teil die beiden übergebenen S-Zeiger gespeichert hat. Der neue S-Zeiger hat den dynamischen Typ `STRING`.

In den folgenden beiden Implementationen wird davon ausgegangen, daß ein Definement `STRING`, das vom C-Typ long sein muß und eine Funtion `long string_sig(S_Pointer)`, die die Signatur eines S-Zeigers, der einen String repräsentiert, bereits existieren.

4.1.1 Implementation 1

Zunächst wird eine Implementation vorgestellt, die mit allen **MAMMUT**-Implementationen zusammenarbeiten kann.

```
S_Pointer CreateString(char *str, S_Pointer s0, S_Pointer s1)
{
  S_Pointer r ;
  long strl ;
  long i ;

  strl = strlen(str) ; /* Laenge des Strings in Byte,
           einschliesslich der beendenden 0. */
```

```
  r = MMMmalloc( MMMCglobal, STRING, strlen(str), 2 ) ;
        /* r zeigt auf S-Zeiger mit einem Mem-Teil von mindestens
          strl Bytes und genau 2 S-Zeigern im Point-Teil. Der
          dynamische Typ ist STRING. Weder der Mem- noch der
          Point-Teil sind initialisiert. */

  for ( i=0; i< strl ; i++ )
    {
      *MMMarr( &r, i, char, MMMwrite ) = str[i] ;
        /* Der Mem-Teil von r wird als Array von char aufgefasst
          (genau wie str) und entsprechend indiziert.
          Falls sizeof(char) = 1 haette man anstatt MMMarr() auch
          MMMmv() verwenden k"onnen. */
    }
  /* Der Mem-Teil ist nun durch str initialisiert. */

  MMMset( MMMP( &r, 0, MMMwrite ), s0 ) ;
  MMMset( MMMP( &r, 1, MMMwrite ), s1 ) ;
  /* Der Point-Teil ist nun initialisiert durch s0 und s1. Die
    S-Zeiger s0 und s1 wurden logisch, aber nicht physikalisch
    kopiert. */

  MMMinactiv( &r ) ; /* Zuweisungen an den Inhalt von r wurden beendet,
    S-Zeiger braucht nicht mehr gecacht zu werden. */

  MMMnewsignature( r, string_sig(r) ) ; /* Signaturzuweisung */

  return r ;
}
```

4.1.2 Implementation 2

Im folgenden wird eine Implementation vorgestellt, die nicht mit inkrementell arbeitenden Copying-Kollektoren zusammenarbeitet, da Zeiger in **MAMMUT**-Zellen verwendet werden, die **MAMMUT** nicht bekannt gemacht worden sind. Durch direkte Verwendung von Zeigerarithmetik wird diese Implementation allerdings schneller als die erste sein.

```
S_Pointer CreateString(char *str, S_Pointer s0, S_Pointer s1)
{
  S_Pointer r ;
  long strl ;
  char *cp ;
  S_Pointer *p ;

  strl = strlen(str) ; /* Laenge des Strings in Byte,
             einschliesslich der beendenden 0. */
  r = MMMmalloc( MMMCglobal, STRING, strlen(str), 2 ) ;
        /* r zeigt auf S-Zeiger mit einem Mem-Teil von
```

```
          mindestens strl Bytes und genau 2 S-Zeigern im
          Point-Teil. Der dynamische Typ ist STRING.
          Weder der Mem- noch der Point-Teil sind initialisiert. */

  cp = MMMZ( &r, char, MMMwrite ) ; /* cp zeigt nun auf den
        Anfang des Mem-Teils von r. Wuerde der Mem-Teil von r
        im Speicher verschoben, so zeigte cp nicht mehr in den
        Mem-Teil von r. Der Programmierer muss sich also sicher
        sein, dass MAMMUT den Mem-Teil nicht verschiebt. */

  for ( ; strl > 0 ; strl-- )
    {
      *cp++ = *str++ ;
    }
  /* In dieser Schleife wurde kein Speicher alloziiert, deshalb
    wuerde ein nicht inkrementell arbeitender Copy-Kollektor in
    dieser Schleife keinen Speicher verschieben. */

  p = MMMP( &r, 0, MMMwrite ) ; /* p zeigt nun auf den Anfang des
      Point-Teils von r. Wuerde der Point-Teil von r im Speicher
      verschoben, so zeigte p nicht mehr in den Point-Teil von
      r. Der Programmierer muss sich also sicher sein, dass MAMMUT
      den Point-Teil nicht verschiebt. */
  *p++ = s0 ; /* Der 0te Eintrag im Point-Teil ist nun s0. Falls
      MAMMUT mit mit einem Referenzzaehlalgorithmus arbeitet, ist
      der Referenzzaehler der Zelle noch nicht aktualisiert.
      p zeigt nach diesem Befehl auf den zweiten Eintrag des
      Point-Teils. */
  MMMcopy( s0 ) ; /* Der Speicherverwaltung wurde mitgeteilt, dass
      ein weiterer Zeiger auf die Zelle, auf die s0 verweist,
      zeigt. */
  *p = s1 ;
  MMMcopy( s1 ) ;
  /* Da in dem letzten Programmstueck kein Speicher alloziiert wurde,
    wuerde ein nicht inkrementell arbeitender Copy-Konstruktor
    keinen Speicher verschieben. */

  MMMinactiv( &r ) ; /* Zuweisungen an den Inhalt von r wurden
     beendet, S-Zeiger braucht nicht mehr gecacht zu werden. */

  MMMnewsignature( r, string_sig(r) ) ; /* Signaturzuweisung */

  return r ;
}
```

4.2 Ersetzen in einem Baum

Die folgende Funktion erhält einen S-Zeiger als Argument, der einen Baum repräsentiert — jeder Knoten kann eine beliebige Anzahl von Söhnen haben, aber es treten keine Kreise auf. Jeder Knoten dieses Baumes hält im Mem-Teil einen String. In jedem Knoten sollen alle vorkommenden 'a' durch 'b' ersetzt werden. Die Funktion soll den daraus resultierenden Baum als Ergebnis zurückgeben, ohne den ursprünglichen Baum dabei als Seiteneffekt zu verändern.

In den folgenden beiden Implementationen wird davon ausgegangen, daß bereits eine Funktion `long tree_sig(S_Pointer)`, die die Signatur eines Baumes berechnet, definiert ist.

4.2.1 Implementation 1

Die erste Implementation macht einen Tiefendurchlauf durch den Baum und kopiert während dieses Durchlaufs die Knoten, wobei 'a' durch 'b' ersetzt wird. Nach dieser Funktion ist keine Zelle, die im Ursprungsbaum enthalten ist, im neuen Baum gespeichert und andersherum entsprechend. Es wird also nicht versucht, eine unique data representation aufzubauen.

```
S_Pointer Substitute(S_Pointer s)
{
  S_Pointer r ;
  char *cpr, *cpw ;
  S_Pointer *pr, *pw ;
  long i ;

  r = MMMmalloc( MMMCglobal, MMMtype(s), MMMsize(s),
                                              MMMcounter(s) ) ;
       /* Es wird ein S-Zeiger erzeugt, der den gleichen Typ
          wie s hat und dessen Mem- und Point-Teil die gleiche
          Groesse wie die entsprechenden Teile von s haben. */
  MMMpoolinsert( &cpw ) ;
  MMMpoolinsert( &cpr ) ;
    /* cpw wird als Zeiger in den Mem-Teil von r und cpr wird
       als Zeiger in den Mem-Teil von s benutzt. Damit diese
       Zeiger auch dann an die richtige Stelle zeigen, wenn
       die Zellen im Speicher verschoben werden, wird MAMMUT
       die Existenz dieser Zeiger mitgeteilt. */

  cpw = MMMZ( &r, char, MMMwrite ) ; /* cpw zeigt auf den
        Anfang des Mem-Teils von r und darf zum Schreiben
        benutzt werden. */
  cpr = MMMZ( &s, char, MMMread ) ; /* cpr zeigt auf den
        Anfang des Mem-Teils von s und darf lediglich zum
        Lesen benutzt werden. */

  for ( i = MMMsize(s) ; i>0 ; i-- )
    {
      if ( *cpr == 'a' )
```

```
      {
        *cpw++ = 'b' ;
        cpr++ ;
      }
     else
      {
        *cpw++ = *cpr++ ;
      }
  }
/* Der gesamte Inhalt des Mem-Teils von s wurde in den
   Mem-Teil von r kopiert, wobei 'a' in 'b' umgesetzt wurde.
   Fuer diese Schleife braucht der String im Mem-Teil von s
   nicht durch 0 terminiert zu sein. */

MMMpooldelete( &cpr ) ;
MMMpooldelete( &cpw ) ; /* Die Zeiger cpr und cpw werden
    nicht mehr benoetigt. Dies wird MAMMUT mitgeteilt. */

MMMpoolinsert( &pw ) ;
MMMpoolinsert( &pr ) ;
  /* pw wird als Zeiger in den Poin-Teil von r und pr wird
     als Zeiger in den Point-Teil von s benutzt. Damit diese
     Zeiger auch dann an die richtige Stelle zeigen, wenn die
     Zellen im Speicher verschoben werden, wird MAMMUT die
     Existenz dieser Zeiger mitgeteilt. */

pw = MMMP( &r, 0, MMMwrite ) ; /* pw zeigt auf den Anfang des
      Point-Teils von r und wird zum Schreiben benutzt. */
pr = MMMP( &s, 0, MMMread ) ; /* pr zeigt auf den Anfang des
      Point-Teils s und wird lediglich zum Lesen benutzt. */

for ( i = MMMcounter(s) ; i>0 ; i-- )
  {
    *pw++ = Substitute( *pr ) ;
    pr++ ;
  }
/* In jedem einzelnen S-Zeiger, der im Point-Teil von s
   enthalten ist, wird diese Substitution durchgefuehrt. Der
   Ergebnis-S-Zeiger wird im Point-Teil von r gespeichert.
   Zu beachten ist, da"s innerhalb der Schleife Allokationen
   durchgefuehrt werden und deshalb innerhalb der Schleife auch
   Zellen von einem nicht-inkrementellen Copy-Kollektor verschoben
   werden koennen. Da pw und pr bei MAMMUT angemeldet sind, ist
   dies allerdings kein Problem. */

MMMinactiv ( &r ) ;
MMMinactiv ( &s ) ; /* Auf den Inhalt von r und s muss nicht
    mehr zugegriffen werden, deshalb werden die S-Zeiger
```

```
     inaktiviert. */

  MMMpooldelete( &pr ) ;
  MMMpooldelete( &pw ) ;

  MMMnewsignature( r, tree_sig(r) ) ; /* Signaturzuweisung */

  return r ;
}
```

4.2.2 Implementation 2

Diese Funktion versucht soweit es in einem einfachen Baumdurchlauf möglich ist, bei der Substitution eine unique data representation aufzubauen. Dies bedeutet, daß eine Zelle wirklich nur dann kopiert wird, wenn dies nötig ist. Durch diese Funktion kann eine wesentlich bessere Speicherauslastung und eine bessere Laufzeit erzielt werden, wenn in vielen Teilbäumen nicht wirklich substituiert wird. Muß allerdings wirklich in allen Teilbäumen substituiert werden, so ist diese Implementation langsamer als die erste Implementation, da der Point-Teil der Knoten einmal überflüssiger Weise kopiert wird. Dies macht im Normalfall allerdings nicht viel aus. Insgesamt ist diese Implementation sicherlich der ersten Implementation vorzuziehen.

```
S_Pointer Substitute(S_Pointer s)
{
  boolean changed=FALSE ;
  S_Pointer r, tmp ;
  long i ;

  MMMset( &r, s ) ; /* Die Variable r zeigt nun auf die gleiche
     Zelle wie s. Falls MAMMUT mit Hilfe von Referenzzaehlern
     implementiert ist, wurde der Referenzzaehler entsprechend
     angepasst. Ein MMMcopy ist also nicht noetig. */

  for ( i=MMMsize(r)-1 ; i>=0 ; i-- )
    {
      if ( *MMMarr( &r, i, char, MMMread ) == 'a' )
        {
          /* Der Inhalt des Mem-Teils von r muss veraendert
             werden. Dies darf keinen Seiteneffekt haben, die
             Aenderung darf fuer s also nicht sichtbar sein! */

          if ( !changed )
            {
              MMMchange( &r ) ; /* Eine Verhinderung eines
                 Seiteneffekts wird durch Anwendung der
                 Funktion MMMchange() erreicht.
                 Bei Aufruf dieser Funktion muss MAMMUT
                 den gesamten Inhalt von r in eine neue Zelle
                 kopieren (zumindest wenn MAMMUT nicht mit
```

```
              Referenzzaehlern arbeitet). Damit sowenig wie
              moeglich kopiert werden muss, wird sichergestellt,
              dass MMMchange() nur einmal aufgerufen wird. */
            changed = TRUE ;
          }
        *MMMarr( &r, i, char, MMMwrite ) = 'b' ;
      }
  }
/* r enthaelt den gleichen Point-Teil wie s und der Mem-Teil von r
  ist gleich dem Mem-Teil von s, bis auf eventuell in s vorkommende
  'a'. Es wurde genau dann ein MMMchange() aufgerufen, wenn ein 'a'
  im Mem-Teil von s vorkommt und die Variable change ist genau in
  diesem Fall TRUE. */

for ( i=MMMcounter(r)-1 ; i>=0 ; i-- )
  {
    tmp = Substitute( *MMMP( &r, i, MMMread ) ) ; /* tmp enthaelt
          nun den S-Zeiger mit dem Baum, der durch die Substitution
          im i-ten Sohn entstanden ist. */
    if ( !MMMequal( *MMMP( &r, i, MMMread ), tmp ) )
      {
        /* Nur in dem Fall, dass in dem i-ten Sohn wirklich
          etwas substituiert wurde, muss der i-te Sohn ersetzt
          werden. In diesem Fall muss darauf geachtet werden,
          dass die Zuweisung ohne Seiteneffekt passiert. */
        if ( !changed )
          {
            /* Bisher wurde noch keine Zuweisung an r
              durchgefuehrt. Deshalb wurde auch kein MMMchange()
              auf r angewandt. Deshalb muss MMMchange() nun
              auf r angewandt werden. */
            MMMchange( &r ) ;
            changed = TRUE ;
          }
        *MMMP( &r, i, MMMwrite ) = tmp ; /* Der i-te Sohn
          enthaelt nun den substituierten Wert. Da die Funktion
          Substitute() einen logisch kopierten S-Zeiger
          zurueckgibt, braucht der S-Zeiger nicht nochmal
          kopiert zu werden. */
      }
  }
/* r enthaelt nun das Ergebnis der komplette Substitution in s.
  r zeigt genau dann auf eine andere Zelle als s, wenn eine
  wirkliche Substitution durchgefuehrt werden musste.
  Zeigt r auf die gleiche Zelle, so wurde der Baum zwar nicht
  physikalisch, wohl aber logisch kopiert. */

MMMinactiv( &r ) ; /* Auf den Inhalt von r und s muss nicht mehr
```

```
      zugegriffen werden, deshalb werden die Zeiger inaktiviert. */

  MMMnewsignature( r, tree_sig(r) ) ; /* Signaturzuweisung */

  return r ;
}
```

4.3 Ausführen einer Task

In einem parallelen System müssen in Form von Tasks anfallende Arbeiten unter den Prozessen möglichst gleichmäßig aufgeteilt werden, damit alle Probleme zusammen möglichst schnell abgearbeitet werden.

Eine sehr einfache Strategie zum Aufteilen von Tasks ist, daß jeder Prozeß, der einen Task hat, den er nicht sofort selbst bearbeiten kann, diesen Task in eine globale Datenstruktur schreibt.

Jeder Prozeß, der keine Arbeit hat, schaut in dieser globalen Datenstruktur nach, ob dort ein Task gespeichert ist. Ist ein Task vorhanden, so nimmt er diesen und führt ihn aus. Ist kein Task vorhanden, so legt sich der Prozeß schlafen, um nicht mit buzy waiting Rechenzeit zu verschwenden.

Damit schlafende Prozesse auch später einmal wieder aufgeweckt werden, müssen Prozesse, die Tasks in die Struktur schreiben, die schlafenden Prozesse auch aufwecken.

Im folgenden werden zwei Funktionen **PutTask** und **GetTask** vorgestellt. Die Funktion **GetTask** versucht, einen Task vom Taskheap zu nehmen und auszuführen. Ist kein Task im Taskheap enthalten, so vermerkt die Funktion im Taskheap, daß sie sich schlafen legt und schläft danach ein. Die Funktion **PutTask** legt einen Task auf dem Taskheap ab. War vorher auf dem Taskheap kein Task gespeichert, so prüft die Funktion, ob ein Prozeß schläft. Ist dies der Fall, so weckt die Funktion diesen Prozeß auf.

Der Taskheap ist in der globalen Variablen **MMMread_global(0)** gespeichert und besteht aus einer **MAMMUT**-Zelle mit zwei Söhnen. Der erste Sohn repräsentiert eine Liste von Tasks, die abgearbeitet werden müssen. Der Aufbau der Tasks selbst ist an dieser Stelle nicht von Bedeutung — wichtig ist lediglich, daß ein Task den 0-ten Sohn reserviert hat, um in eine Liste eingefügt zu werden. Der zweite Sohn repräsentiert eine Liste von Prozessen, die schlafen. Die Liste besteht aus **MAMMUT**-Zellen mit einem long-Eintrag im Mem-Teil, in dem die Nummer des schlafenden Prozesses steht und einem Sohn, der das nächste Element der Liste ist.

```
void PutTask(S_Pointer task)
{
  S_Pointer tl ;

  tl = MMMread_shared(0) ;
  MMMlock( tl ) ; /* Mehrere Prozesse koennen versuchen, tl zu
     manipulieren.  Es muss zunaechst das exklusive Recht an tl
     gesichert werden. */

  *MMMP( &task, 0, MMMwrite ) = *MMMP( &tl, 0, MMMread ) ) ;
  MMMinactiv( &task ) ;
```

```
  MMMset( MMMP( &tl, 0, MMMread ), task ) ;
  /* Der neue Task wurde am Anfang der Liste der Tasks eingereiht. Die
    Funktion GetTask() wird einen Task vom Anfang der Liste nehmen,
    auf diese Weise wird also ein Stack von Tasks implementiert. Die
    erste Zuweisung wurde durchgef"uhrt, ohne da"s MAMMUT informiert
    wurde, da die erste Zuweisung einen Zeiger kopiert, der von der
    zweiten Zuweisung gel"oscht wird. Auf diese Weise wird ein
    unnoetiges Kopieren und Freigeben vermieden. */

  if ( !MMMequal( *MMMP( &tl, 1, MMMread ), MMMNULL )
    {
    /* Die zweite Liste ist nicht leer, d.h. es gibt mindestens einen
      Prozess, der schlaeft. Dieser Prozess wird im folgenden
      aufgeweckt. */
      S_Pointer wake = *MMMP( &tl, 1, MMMread ) ;
      *MMMP( &tl, 1, MMMwrite ) = *MMMP( &wake, 0, MMMread ) ;
      MMMwake_up( *MMMZ( &wake, long, MMMread ) ) ;
      MMMinactiv ( &wake ) ;
      MMMfree( wake ) ;
    }
  MMMinactiv( &tl ) ;
  MMMunlock( tl ) ; /* Nun koennen wieder andere Prozesse auf diesen
     S-Zeiger zugreifen. */
}

S_Pointer GetTask()
{
  S_Pointer tl, task ;

  tl = MMMread_shared(0) ;
  MMMlock( tl ) ; /* Mehrere Prozesse koennen versuchen, tl zu
     manipulieren.  Es muss zunaechst das exklusive Recht an tl
     gesichert werden. */

  while ( MMMequal( *MMMP( &tl, 0, MMMread ), MMMNULL )
    {
      /* Es sind momentan keine Tasks vorhanden. Deshalb wird sich
        dieser Prozess schlafen legen, bis ein neuer Prozess in der
        Struktur gespeichert wird. */

      S_Pointer sleep = MMMmalloc( MMMCglobal, SLEEP,
                                              sizeof(long), 1 ) ;
      *MMMZ( &sleep, long, MMMwrite ) = MMMVson ;
      *MMMP( &sleep, 0, MMMwrite ) = *MMMP( &tl, 1, MMMread ) ;
      MMMinactiv( &sleep ) ;
      *MMMP( &tl, 1, MMMwrite ) = sleep ;
      MMMinactiv( &sleep ) ;
      /* Nun ist dieser Prozess in der Liste der schlafenden Prozesse
        gespeichert. */
```

```
        MMMprepare_sleep() ;
        MMMunlock( tl ) ;
        MMMsleep() ;
        /* Der Prozess schlaeft nun. Es ist wichtig, dass das Lock von
           tl erst zuruckgesetzt wurde, nachdem die Funktion
           MMMprepare_sleep() aufgerufen worden war. Da sonst ein anderer
           Prozess haette versuchen koennen, diesen Prozess aufzuwecken,
           bevor dieser Prozess sich wirklich schlafen gelegt haette. Das
           Aufwecksignal waere dadurch verloren gegangen und dieser
           Prozess waere nie wieder augeweckt worden. */

        MMMlock( tl ) ;
        /* Dieser Prozess ist von einem Prozess aufgeweckt worden, der
           einen Task in die Taskliste gelegt hat. Dieser neue Task kann
           allerdings bereits von einem anderen Prozess konsumiert worden
           sein, dieser Task kann deshalb nicht davon ausgehen, dass ein
           Task in der Taskliste steht. */
    }
    /* Nun ist sicher, dass ein Task in der Taskliste steht und dieser
       Task kann ausgelesen und zurueckgegeben werden. */

    task = *MMMP( &tl, 0, MMMread ) ;
    *MMMP( &tl, 0, MMMwrite ) = *MMMP( &task, 0, MMMread ) ;
    MMMinactiv( &task ) ;
    MMMinactiv( &tl ) ;

    return task ;
}
```

Kapitel 5

Die Speicherverwaltung MAMMUT

5.1 Formalisierung eines Zustandes

In diesem Kapitel wird die Funktionsweise von **MAMMUT** zum einen umgangssprachlich, zum anderen formal mit Hilfe eines in diesem Kapitel definierten Computermodells beschrieben.

Damit dies durchgeführt werden kann, müssen die Zustände, in denen sich ein C-Programm befinden kann, formalisiert werden, um dann bei der Beschreibung der einzelnen Speicherverwaltungsroutinen im einzelnen die Änderungen des Zustandes angeben zu können.

MAMMUT wird im folgenden durch eine Interleaved Semantik definiert, d.h. es wird davon ausgegangen, daß immer nur ein Prozessor arbeitet. Dies hat den Vorteil, daß die Beschreibung relativ einfach – und damit auch verständlich – ist, ohne daß dabei Informationen verloren gehen.

Funktionen, die mit der Koordination der Prozesse untereinander zu tun haben, werden dabei nicht formal beschrieben.

(1.1) Definition:

- $S = S_{local} \times \{1, \ldots, p\} \cup S_{global}$
  Der Bereich der Speicherzellen besteht aus zwei Teilen, dem globalen Speicher, der für alle Prozessoren zugänglich ist, und dem lokalen Speicher. Jede shared-memory Maschine i hat ihren eigenen lokalen Speicher $S_{local} \times \{i\}$.
  Jeder S-Zeiger hat einen Wert aus $S_{local} \cup S_{global}$
- $byte = \{0, \ldots, 255\}$
- $Basis = \bigcup_{i=0}^{\infty} byte^i$

(1.2) Bemerkung: Wenn im folgenden einer Funktion, die eine Speicherzelle als Argument erwartet, ein S_Pointer s übergeben wird, so wird im Fall, daß $s \in S_{global}$, s und sonst (s,i), wobei i die Prozessornummer ist, übergeben.

(1.3) Definition: Ein Speicherzustand ist ein Tupel (*adr,type,signature,lock,refs*) mit:

- *adr*: $S \rightarrow Basis \times S^*$ ist ein partielle Funktion, die jeder Speicherzelle $s \in D(adr) \subset S$ einen Wert aus $Basis$ und endlich viele Nachkommen zuordnet.
- *type*: $D(adr) \rightarrow \{0, \ldots, MMMCmaxtype\}$ liefert den Typ einer Speicherzelle.
- *signature* : $D(adr) \rightarrow \{0, \ldots, 2^{32} - 1\}$ liefert die Signatur einer Speicherzelle.
- *lock* : $D(adr) \rightarrow \{MMMlocked, MMMunlocked\}$ liefert den Wert des Locks einer Speicherzelle.
- *refs* : $D(adr) \rightarrow N$ liefert die Anzahl der Referenzen auf eine Speicherzelle[1].

Jedem Speicherzustand kann man auf natürliche Weise folgende zwei Funktionen zuordnen:

- *next* : $D(adr) \times N \rightarrow S$ mit $next(s, i) = s_i$, wobei $adr(s) = (b, (s_0, \ldots, s_i, \ldots, s_n))$ ist.
- *content*: $D(adr) \rightarrow Basis$ mit $content(s) = b$, wobei $adr(s) = (b, (s_0, \ldots, s_n))$ ist.

(1.4) Definition:

1. Σ ist die Menge aller Speicherstellen, die vom Compiler kontrolliert werden und in denen eine Variable gespeichert sein kann.
2. $CTyp : \Sigma \rightarrow$ {C-Typen} gibt den C-Typ an, mit dem eine Variable deklariert ist.
3. V_C ist die Menge aller Werte, die eine C-Variable annehmen kann.
4. $V_S = \{(s, n, typ) | typ$ ist ein C-Typ, $s \in S, 0 \leq n < counter(s)$, falls typ =S_Pointer und $0 \leq n < |content(s)|$ sonst$\}$. Dies ist die Menge der Werte, die ein Zeiger annehmen kann, der in den Speicherbereich der Speicherverwaltung zeigt.

(1.5) Definition: Der Zustand eines C-Programmes ist ein Tupel
((pc, $\mathcal{V}$, $\mathcal{V}_S$, $\mathcal{Z}$, $\mathcal{Z}_U$, $\mathcal{RS}$, $\mathcal{KRS}$, *Pool*, α_r, α_w, ρ), $\mathcal{B}$, (*adr*, *type*, *signature*, *lock*, *refs*), *father*) mit:

pc: Zeiger auf augenblicklich bearbeiteten C-Befehl

$\mathcal{V} \subset \Sigma$. Menge der Speicherstellen, in denen eine Variable gespeichert ist, die nichts mit der Speicherverwaltung zu tun hat.

$\mathcal{V}_S \subset \Sigma$. Menge der Variablen, die von der Speicherverwaltung definiert wird und für den Programmierer zugänglich ist. Diese Variablen und ihre Bedeutung werden später beschrieben.

$\mathcal{Z} \subset \Sigma$. Menge der definierten Variablen, die in einen von **MAMMUT** verwalteten Bereich zeigen. Mit diesen Variablen können Informationen aus dem Speicher gelesen und dieser verändert werden.

[1] Die Anzahl der Referenzen wird nur benötigt, um auch eine Implemenation von **MAMMUT** mit Hilfe eines Referenzzählers modellieren zu können. Für die Modellierung einer Implementation ohne Refernzzähler wird *refs* zwar nicht gebraucht, hindert aber auch nicht.

$\mathcal{Z}_\mathcal{U} \subset \Sigma$. Bei einigen Operationen der Speicherverwaltung können Zeiger, die in den von der Speicherverwaltung verwalteten Bereich zeigen, einen undefinierten Wert erhalten. Die Speicherzellen, die Zeiger enthalten, für die dieses zutrifft, werden in dieser Menge gehalten.

$\mathcal{RS} \subset \mathcal{V}$. Das Root Set des Programms. Ist **MAMMUT** nicht mit Hilfe eines Referenzzähl-Algorithmus implementiert, so bestimmt **MAMMUT** anhand dieses Root Sets, welche Speicherzellen noch benötigt werden.

$\mathcal{KRS} \subset \mathcal{V}$. Das **MAMMUT** bekannte Root Set. Wird die Funktion MMMfree_unused aufgerufen, so bestimmt **MAMMUT** anhand dieses Root Sets, welche Speicherzellen noch benötigt werden. Auch bei einer Implemenation von **MAMMUT** durch einen Referenzzählalgorithmus ist das bekannte Root Set immer definiert, es stimmt allerdings nicht immer mit der Root Set $\mathcal{RS}$ überein. Wird die Funktion **MMMfree_unused** aufgerufen, so wird allerdings angenommen, daß das Root Set mit dem bekannten Root Set übereinstimmt und es wird anhand des bekannten Root Sets bestimmt, welche Zellen noch benötigt werden.

Pool: $\Sigma \rightarrow N_0$. Zeiger in den Bereich der Speicherverwaltung können bei bestimmten Operationen undefiniert werden. Soll dies für einen Zeiger verhindert werden, so muß die Adresse der Speicherzelle, in der der entsprechende Zeiger steht, in den Pool eingetragen werden. *Pool*(p) gibt an, wie häufig die Speicherzelle p im *Pool* steht.

$\alpha_r \subset \Sigma \cup \{(s,n) | s \in S, 0 \leq n < counter(adr(s))\}$. Dies ist die Menge der S-Zeiger, die lesend aktiv sind.

$\alpha_w \subset \Sigma \cup \{(s,n) | s \in S0 \leq n < counter(adr(s))\}$. Dies ist die Menge der S-Zeiger, die schreibend aktiv sind.

$\rho \in \Sigma$. Dies ist die Speicherzelle, in die eine Funktion ihren Rückgabewert schreibt.

In dieser Speicherzelle kann sowohl ein Wert stehen, der mit der Speicherverwaltung nichts zu tun hat, als auch ein Zeiger in die Speicherverwaltung.

$\mathcal{B}$: $\Sigma \rightarrow V_C \cup V_S$ mit $D(\mathcal{B}) = \mathcal{V} \cup \mathcal{V}_S \cup \mathcal{Z}$ und mit
$\mathcal{B}(p) = (s, n, typ) \in V_S \Rightarrow p \in \mathcal{Z}$ und $CTyp(p) = typ*$.

Diese Funktion gibt an, welche Werte die Variablen des Programms haben. Den Variablen, die zu $\mathcal{Z}$ gehören, ist dabei ein Wert aus V_S, den anderen Variablen ist ein Wert aus V_C zugeordnet.

(***adr,type,signature,lock,refs***) ist ein Speicherzustand.

father: $S \rightarrow S$.

Ein S-Zeiger, der aktiviert wird, kann sich ändern, d.h. wird ein S-Zeiger aktiviert, so wird er unter Umständen in einen anderen S-Zeiger kopiert, der auf dem zugreifenden Rechner liegt.

Beim Inaktivieren ist es aber notwendig noch zu wissen, welcher S-Zeiger ursprünglich vorgelegen hat, um den S-Zeiger wieder entsprechend 'umzubiegen' und den womöglich geänderten Inhalt in den alten S-Zeiger zu kopieren.

Auch beim Vergleichen von zwei S-Zeigern wird dieser Wert benötigt.

Die Mengen $\mathcal{V}$, $\mathcal{V}_S$, $\mathcal{Z}$, $\mathcal{Z}_\mathcal{U}$ sind paarweise disjunkt. Außerdem gilt: $\alpha = \alpha_r \cup \alpha_w$

(1.6) Bemerkung: Eigentlich steht ein Variablename nur für eine Speicherzelle und nicht den Wert dieser Speicherzelle. Der Wert wird durch die Funktion $\mathcal{B}$ festgelegt. Ist aber klar, auf welche Funktion $\mathcal{B}$ Bezug genommen wird, so wird häufig auch abkürzend s für $\mathcal{B}$(s) geschrieben.

5.2 Die Variablen der Speicherverwaltung

Im folgenden werden alle Variablen der Speicherverwaltung, also alle Variablen, die in $\mathcal{V}_S$ liegen, aufgeführt und deren Bedeutung beschrieben.

void (*MMMVsystemfree)(S_Pointer s): Diese Variable ist ein Zeiger auf eine Funktion, die aufgerufen wird, wenn ein S-Zeiger, der mit der Funktion MMMforce_data() angefordert wurde, wirklich freigegeben wird. Diese Funktion muß die Rückgabe des Speicherbereichs Mem(s) an die zuständige Speicherverwaltung regeln. Hat die Variable den Wert NULLL, so wird keine Funktion aufgerufen.

void (*MMMVsystemchange)(S_Pointer *s): Diese Variable ist ein Zeiger auf eine Funktion, die aufgerufen wird, wenn die Funktion MMMchange() mit einem Zeiger t auf einen mittels MMMforce_data() angeforderten S-Zeiger aufgerufen wird und *refs*(*t)> 1 ist.

long MMMVnumber_of_processes: Diese Variable gibt an, wieviele Prozesse diesen gemeinsamen Speicher benutzen.

long MMMVson: Jeder Prozeß, der von der Speicherverwaltung erzeugt wird, bekommt eine eigene Nummer zwischen 0 und MMMVnumber_of_processes-1. Mit Hilfe dieser Nummern können einzelne Prozesse für die Erfüllung einer bestimmten Aufgabe ausgesucht werden. Insbesondere in der Initialisierungsphase ist dies wichtig.

Diese Nummer wird aber auch benötigt, um Prozesse wieder aufwecken zu können.

S_Pointer MMMNULL: Dies ist eigentlich eine Konstante, die einen ausgezeichneten Wert für den Typ S_Pointer repräsentiert. Das Verhalten der meisten **MAMMUT**-Funktionen ist nicht definiert, wenn sie MMMNULL als Argument bekommen. Die Funktionen, für die das Verhalten auch definiert ist, wenn sie MMMNULL als Argument bekommen, sind in Tabelle A.10 (siehe 85) aufgelistet.

5.3 Invarianten

Sei ((pc, $\mathcal{V}$, $\mathcal{V}_S$, $\mathcal{Z}$, $\mathcal{Z}_U$, $\mathcal{RS}$, $\mathcal{KRS}$, *Pool*, α_r, α_w, ρ), $\mathcal{B}$, (*adr*, *type*, *signature*, *lock*, *refs*), *father*) ein Zustand und dieser werde durch eine Speicherverwaltungsfunktion in einen Zustand ((pc', $\mathcal{V}$', $\mathcal{V}_S$', $\mathcal{Z}$', $\mathcal{Z}_U$', $\mathcal{RS}$', $\mathcal{KRS}$', *Pool*', α_r', α_w', ρ'), $\mathcal{B}$', (*adr*', *type*', *signature*', *lock*', *refs*'), *father*') überführt, so gilt für jedes $s \in S$ jede der folgenden Eigenschaften, falls die Beschreibung der Funktion ihr nicht widerspricht:

- *pc'* zeigt auf den dem Befehl, auf den *pc* gezeigt hat, normalerweise nachfolgenden C-Befehl.
- $\mathcal{V}$= $\mathcal{V}$'

- $\mathcal{V}_\mathcal{S}= \mathcal{V}_\mathcal{S}$'
- $\mathcal{Z}= \mathcal{Z}$'
- $\mathcal{Z}_\mathcal{U}= \mathcal{Z}_\mathcal{U}$'
- $\mathcal{KRS} = \mathcal{KRS}$'
- $Pool = Pool$'
- $\alpha_r = \alpha_r$'
- $\alpha_w = \alpha_w$'
- $(\exists v \in \mathcal{RS} : s = \mathcal{B}(v)$ und $s \in D(adr)) \Rightarrow s \in D(adr')$
- $(\exists s' \in D(adr') \cap D(adr) \exists n \in N : next(s') = s) \Rightarrow s \in D(adr')$
- $s \in D(adr') \cap D(adr \Rightarrow adr'(s) = adr(s)$
- *type*(s) = *type*'(s)
- *signature*(s) = *signature*'(s)
- *lock*(s) = *lock*'(s)
- *refs*(s) = *refs*'(s)
- $\forall p \in \Sigma : Pool\ (p) = Pool\ '(p)$
- $\forall v \in \mathcal{V} \cup \mathcal{V}_\mathcal{S}$: $\mathcal{B}$(v) = $\mathcal{B}$'(v)
- $\forall v \in \mathcal{Z}$: $\mathcal{B}$(v) = $\mathcal{B}$'(v)
- *father*(s) = *father*'(s)

5.4 Funktionen in alphabetischer Reihenfolge

GLOBAL_DECL(Typ, Name)

Informal: **MAMMUT** kann für die Implementation multi-threaded Prozesse verwenden. Allerdings gibt es für multi-threaded Prozesse keine thread-lokalen Variablen. Deshalb bietet **MAMMUT** einen Aufsatz, mit dem gobale Variablen definiert werden müssen. Dieses Definement deklariert eine globale Variable des Namens Name vom Typ Typ.

Siehe auch: GLOBAL_DEF, GLOBAL_EXIT, GLOBAL_INIT, GLOBAL_READ, GLOBAL_WRITE

GLOBAL_DEF(Typ, Name)

Informal: Dieses Definement definiert eine globale Variable des Namens Name vom Typ Typ. Die Variable muß vorher mit **GLOBAL_DECL** deklariert worden sein.

Siehe auch: GLOBAL_DECL, GLOBAL_EXIT, GLOBAL_INIT, GLOBAL_READ, GLOBAL_WRITE

GLOBAL_EXIT(Name)

Informal: Dieses Definement signalisiert, daß die globale Variable des Namens Name nicht mehr benötigt wird. Dieses Definement muß für jede globale Variable vor Aufruf der Funktion **MMMexit** aufgerufen werden.

Siehe auch: GLOBAL_DECL, GLOBAL_DEF, GLOBAL_INIT, GLOBAL_READ, GLOBAL_WRITE

GLOBAL_INIT(Typ, Name)

Informal: Dieses Definement initialisiert eine globale Variable des Namens Name vom Typ Typ. Die Variable muß vorher mit **GLOBAL_DEF** definiert worden sein. Diese Definement muß zwischen dem Aufruf der Funktion **MMMfirst_init** und dem Aufruf der Funktion **MMMinit** ausgeführt werden.

Siehe auch: GLOBAL_DECL, GLOBAL_DEF, GLOBAL_EXIT, GLOBAL_READ, GLOBAL_WRITE

Typ GLOBAL_READ(Name)

Informal: Dieses Definement liest den Wert der globalen Variablen des Namens Name aus und gibt es zurück. Bevor dieses Definement für eine globale Variable angewandt werden kann, muß sie mit **GLOBAL_INIT** initialisiert worden sein.

Siehe auch: GLOBAL_DECL, GLOBAL_DEF, GLOBAL_EXIT, GLOBAL_INIT, GLOBAL_WRITE

GLOBAL_WRITE(Name, Value)

Informal: Dieses Definement setzt den Wert der globalen Variablen des Namens Name auf den Wert Value. Bevor dieses Definement für eine globale Variable angewandt werden kann, muß sie mit **GLOBAL_INIT** initialisiert worden sein.

Siehe auch: GLOBAL_DECL, GLOBAL_DEF, GLOBAL_EXIT, GLOBAL_INIT, GLOBAL_READ

S_Pointer MMM(S_Pointer s)

Informal: Diese Funktion liefert als Ergebnis einen S-Zeiger t zurück, für den gilt: MMMequal(s,t) = true, t ist aber auf jeden Fall inaktiv.

Diese Funktion ist notwendig, um eine effiziente Implementierung der Speicherverwaltung zu ermöglichen. Wird nämlich die Zuweisung t=s mit s aktiv durchgeführt, so ist bei einer effizienten Implementierung auch t aktiv, obwohl dies der Speicherverwaltung nicht bekannt ist. Wird nun später sowohl auf s als auch auf t ein MMMinactiv() angewandt, so gerät die Speicherverwaltung mit ihrer Statistik ihrer aktiven S-Zeiger durcheinander. Die Korrektheit dieser Statistik ist aber dringend notwendig für das Funktionieren des Programms.

Wird eine Funktion mit einem S-Zeiger als Argument aufgerufen, so kopiert der Compiler diese Variable implizit, d.h. war der S-Zeiger aktiv, so tritt ein Fehler auf. Aus diesem Grund muß bei einem Funktionsaufruf mit einem S-Zeiger, von dem man nicht weiß, ob er nicht aktiv ist, die Funktion MMM() benutzt werden.

Formal: Bei Aufruf der Funktion muß gelten:

- s $\in D(adr)$

Nach der Funktion gilt:

- $\rho' \notin \alpha$
- $\rho' = father(s)$

Siehe auch: MMMinactiv

T* MMMarr(S_Pointer *s, long i, C-Typ T, long use)

Informal: Diese Funktion interpretiert den Datenbereich Mem(s) als Array mit Einträgen vom C-Typ T und liefert einen Zeiger auf das (i+1)-te Element des Arrays. Hat use den Wert MMMwrite oder war *s vor der Funktion schreibend aktiv, so ist *s nach der Funktion schreiben aktiv. Hat use den Wert MMMread und war vor der Funktion nicht schreibend aktiv, so ist *s lesend aktiv.

Formal: Bei Aufruf dieser Funktion muß gelten:

- *s $\in$ D(adr)
- $0 \leq (i+1) * sizeof(T) \leq |content(*\mathcal{B}(s))|$

Nach der Funktion gilt:

- ρ' = (*$\mathcal{B}$'(s),i*sizeof(T),T) mit adr'(*$\mathcal{B}$'(s)) = adr(*$\mathcal{B}$(s)) , falls i*sizeof(T) $< |content(*\mathcal{B}(s))|$
- $father$'(*$\mathcal{B}$'(s)) = $father$(*$\mathcal{B}$(s))
- use = MMMread und s $\notin \alpha_w \Rightarrow$ s $\in \alpha_r$
- use = MMMwrite $\Rightarrow$ s $\in \alpha_w$
- $\forall p \in \mathcal{Z} : (Pool(p) = 0 \Rightarrow p \in \mathcal{Z}_{\mathcal{U}}')$

Siehe auch: MMMmv, MMMmvarr, MMMZ

S_Pointer MMMcalloc(long Memtyp, typ, size, count)

Informal: Die Funktion arbeitet genauso wie die Funktion MMMpalloc(), mit der Ausnahme, daß der Mem-Teil des zurückgegebenen Zeigers mit 0 vorinitialisiert ist.

Formal: Bei Aufruf der Funktion muß gelten:

- size ≥ 0
- count ≥ 0
- size > 0 oder count > 0

Nach der Funktion gilt:

- $D(adr') = D(adr) \cup \{s\}$
- $adr'(s) \in \{0\}^{4*n} \times \{MMMNULL\}^{count}$ mit $size \leq 4*n$
- $refs'(s) = 1$
- $type$'(s) = typ
- Memtyp = MMMCglobal $\Rightarrow s \in S_{global}$
- Memtyp = MMMClocal $\Rightarrow s \in S_{local}$
- $\forall p \in \mathcal{Z} : (Pool(p) = 0 \Rightarrow p \in \mathcal{Z}_{\mathcal{U}}')$

- ρ' = s

Siehe auch: MMMmalloc, MMMpalloc

void MMMchange(S_Pointer *s)

Informal: Mit dieser Funktion wird der Speicherverwaltung mitgeteilt, daß der Inhalt des S-Zeigers *s lokal verändert werden soll. Die Speicherverwaltung kopiert dazu den Inhalt von *s in einen neuen S-Zeiger und läßt s auf diesen zeigen. Durch diese Funktion erhält der Programmierer die Möglichkeit, Änderungen nur lokal vorzunehmen.

Zeiger, die in den Bereich der Speicherverwaltung zeigen und nicht im Pool eingetragen sind und Zeiger, die in die Speicherzelle *s zeigen, sind nach dieser Funktion undefiniert.

Formal: Bei Aufruf der Funktion muß gelten:

- *s $\in$ D(adr)

Nach dieser Funktion gilt:

- $refs$'(*s) = 1
- $\forall t \in D(adr)$: $refs$'(t) = $refs$(t) + (|D(adr')| - |D(adr)|) $* |\{n \in N | next(*s, n) = t\}|$
- $\forall p \in \mathcal{Z} : (Pool(p) = 0 \Rightarrow p \in \mathcal{Z}_{\mathcal{U}}')$
- $\forall p \in MMMSVzeiger : (\mathcal{B}(p) = (\mathcal{B}(*s), i, typ) \Rightarrow p \in \mathcal{Z}_{\mathcal{U}}')$

Siehe auch: MMMcopy, MMMset

void MMMcopy(S_Pointer s)

Informal: Mit dieser Funktion wird $refs(s)$ um eins erhöht.

Formal: Bei Aufruf dieser Funktion muß gelten:

- s $\in$ D(adr)

Nach der Funktion gilt:

- $refs$'(s) = $refs$(s)+1

Siehe auch: MMMreplace, MMMset

long MMMcounter(S_Pointer s)

Informal: Diese Funktion gibt die Anzahl der S-Zeiger, die in Point(s) gespeichert sind, zurück.

Formal: Bei Aufruf der Funktion muß gelten:

- s $\in$ D(adr)

Nach der Funktion gilt:

- ρ' = $counter$(s)

Siehe auch: MMMnewcounter

void MMMdelete_global(S_Pointer *s)

Informal: Die Funktion teilt **MAMMUT** mit, daß die Speicherstelle, auf die s zeigt, nicht mehr zum Root Set gehört.

Formal: Nach der Funktion gilt:

- $\mathcal{KRS}' = \mathcal{KRS} \setminus \{ \text{s} \}$

Siehe auch: MMMfree_unused, MMMinsert_global

boolean MMMequal(S_Pointer p, q)

Informal: Die Funktion vergleicht die S-Zeiger p und q. Sind beide S-Zeiger gleich, so liefert die Funktion ein true, sonst ein false.

Diese Funktion wird benötigt, da ein Vergleich mittels '==' nicht unbedingt das richtige Ergebnis liefert, da sich ein aktiver S-Zeiger von einem inaktiven S-Zeiger unterscheiden kann.

Formal: Bei Aufruf der Funktion muß gelten:

- $\text{p} \in \text{D}(adr)$
- $\text{q} \in \text{D}(adr)$

Nach der Funktion gilt:

- $\rho' = \text{true} \Leftrightarrow father(\text{p}) = father(\text{q})$

void MMMexit()

Informal: Diese Funktion wird aufgerufen, wenn die Speicherverwaltung nicht mehr benötigt wird. Nach Aufruf dieser Funktion darf keine andere Speicherverwaltungsfunktion als MMMinit() aufgerufen werden. Bevor diese Funktion aufgerufen wird, müssen für alle globalen, gemeinsamen und konstanten Variablen die entsprechenden Funktionen **GLOBAL_EXIT**, **SHARED_EXIT** bzw. **VALUE_EXIT** aufgerufen werden.

Siehe auch: MMMfirst_init, MMMinit

void MMMfirst_init()

Informal: Diese Funktion führt erste Initialisierungen durch, die gleich zu Beginn durchgeführt werden müssen, die aber keine nach außen sichtbaren Zustandsänderungen bringen.

Formal: Für den Benutzer sind keine sichtbaren Zustandsänderungen durchgeführt.

Siehe auch: MMMexit, MMMinit

S_Pointer MMMforce_data(long Memtyp,typ,char *data,long size)

Informal: Mit dieser Funktion kann ein S-Zeiger s erzeugt werden, dessen Datenteil Mem(s) ab der Adresse data im Speicher liegt. Die Größe size(s) ist size. Diese Funktion wird benötigt, um S-Zeiger auf Systemdaten, wie z.B. Programme, zu erzeugen. Es gilt: count(s) = 0.

Formal:

- $D(adr') = D(adr) \cup \{s\}$
- *adr*'(s) $\in$ ***Basis*** $\times \{()\}$ mit |Mem(s)| $\geq$ size
- Memtyp = MMMClocal $\Rightarrow s \in S_{local}$
- *type*'(s) = typ
- *refs*'(s) = 1

Siehe auch: MMMVsystemfree, MMMVsystemchange

void MMMfree(S_Pointer s)

Informal: Mittels dieser Funktion wird der Speicherverwaltung mitgeteilt, daß die Speicherzelle s von einer Stelle weniger benötigt wird, d.h. *refs*(s) wird um eins erniedrigt. Wird die Speicherstelle von keiner Stelle mehr benötigt, so wird der Speicher freigegeben, d.h. dieser Speicher steht dem System zur Speicherung anderer Daten zur Verfügung. Dabei wird auch allen Söhnen von s mitgeteilt, daß sie einmal weniger benötigt werden, d.h. diese Funktion arbeitet sich rekursiv durch ein Datum.

Ist s dabei ein mit MMMforce_data() angeforderter S-Zeiger, so wird die Funktion, auf die die Variable MMMVsystemfree zeigt, mit s als Argument angesprungen. Diese Funktion ist dann dafür zuständig, den Datenteil von s richtig freizugeben.

Formal: Bei Aufruf der Funktion muß gelten:

- s $\in$ D(*adr*)
- $\forall 0 \leq i < counter(s) : s[i] \in D(MEMadr)$

Diese Funktion arbeitet mit folgendem Algorithmus:

MMMfree(s)

```
refs(s) = refs(s) - 1
if (refs(s) == 0)
  for ( i=1 ; i≤ counter(s) ; i++ )
    MMMfree(s[i])
  delete(s)
```

Siehe auch: MMMlfree

void MMMfree_unused()

Informal: Bei Aufruf dieser Funktion bestimmt **MAMMUT** anhand des bekannten Root Sets und nicht anhand der Referenzzähler bzw. anhand des wirklichen Root Sets, welche **MAMMUT**-Zellen noch benötigt werden. Je nach Implementation kann **MAMMUT** diese Funktion auch zur Neuberechnung der Referenzzähler der Zellen benutzen. Allerdings geht dies nur, wenn nicht mit Hilfe der Funktion **MMMlfree** gearbeitet wird, d.h. wenn im Point-Teil einer Zelle niemals S-Zeiger gespeichert sind, die nicht kopiert worden sind. Mit Hilfe dieser Funktion sind Zyklen, die vom Referenzzählalgorithmus nicht erkannt werden, zu erkennen.

Ist bei Aufruf der Funktion aber das bekannte Root Set eine echte Teilmenge des wirklichen Root Sets, so können Zellen gelöscht werden, die eigentlich noch benötigt werden.

Formal: Nach Aufruf der Funktion gilt:

- $(\exists v \in \mathcal{KRS} : s = \mathcal{B}(v)$ und $s \in D(adr)) \Rightarrow s \in D(adr')$
- $(\exists s' \in D(adr') \cap D(adr) \exists n \in N : next(s') = s) \Rightarrow s \in D(adr')$
- $s \in D(adr') \cap D(adr \Rightarrow adr'(s) = adr(s)$

Siehe auch: MMMdelete_global MMMinsert_global

void MMMinactiv(S_Pointer *s)

Informal: Mit dieser Funktion wird der Zeiger *s deaktiviert.

Ist *s schreibend aktiv, so sind die Daten des S-Zeigers nach der Deaktivierung die gleichen wie vor der Funktion. Durch diese Funktion kann erreicht werden, daß die Veränderungen, die man an dem S-Zeiger *s durchgeführt hat, für alle Prozessoren lesbar sind. Dies ist, je nach Architektur des Rechners, nicht immer der Fall.

Ist *s lesend aktiv, so werden Veränderungen des Inhalts seit dem Aktivieren von *s möglicherweise vergessen. Auch dies ist von der zugrundeliegenden Architektur des Rechners abhängig.

Formal: Bei Aufruf der Funktion muß gelten:

- $*\mathrm{s} \in \mathrm{D}(adr)$

Nach dieser Funktion gilt:

- $\mathrm{s} \notin \alpha'$
- $father'(*\mathcal{B}'(\mathrm{s})) = *\mathcal{B}'(\mathrm{s}) = father(*\mathcal{B}(\mathrm{s}))$
- $\mathrm{s} \in \alpha_w \Rightarrow adr'(*\mathcal{B}'(\mathrm{s})) = adr(*\mathcal{B}(\mathrm{s}))$

Siehe auch: MMM, MMMarr, MMMmv, MMMmvarr, MMMP, MMMZ

void MMMinit(char *name)

Informal: Diese Funktion initialisiert die Speicherverwaltung. Sie interpretiert dabei name als den Namen eines Files, aus dem die für das Initialisieren notwendigen Informationen geholt werden sollen. Der Aufbau dieses Files hängt von der verwendeten Implementation ab. Für eine Implementation wird dieses File in B.3.9 beschrieben. Die Funktion muß nach MFunctionMMMfirst_init die zweite Speicherverwaltungsroutine sein, die aufgerufen wird (wobei die Funktionen **GLOBAL_INIT**, **SHARED_INIT** und **VALUE_INIT** nicht zu den Speicherverwaltungsfunktionen gezählt werden). Nach einem Aufruf darf sie erst wieder aufgerufen werden, wenn die Funktion MMMexit() ausgeführt wurde. Nach der Funktion sind alle Variablen der Speicherverwaltung initialisiert, der *Pool* ist leer, $D(adr) = \emptyset$.

Formal: Nach Aufruf dieser Funktion gilt:

- $D(adr') = \emptyset$
- $\alpha_r' = \alpha_w' = \emptyset$
- $Pool' = 0$
- $\mathcal{B}'$(MMMVused_blocks) $= \mathcal{B}'$(MMMVused_memory) $= 0$
- $\mathcal{B}'$(MMMVfrees) $= \mathcal{B}'$(MMMVrealfrees) $= 0$
- $\mathcal{B}'$(MMMVmallocs) $= 0$
- $\mathcal{B}'$(MMMMVsystemfree) $= 0$

- $\mathcal{B}$'(MMMVsystemchange) = 0
- $\mathcal{B}$'(MMMVshared) = $\mathcal{B}$'(MMMVlocalshared) = MMMNULL
- $\mathcal{Z}' = \emptyset$
- $\mathcal{Z}_\mathcal{U}' = \emptyset$

Siehe auch: MMMexit, MMMfirst_init

void MMMinsert_global(S_Pointer *s)

Informal: Mit dieser Funktion kann **MAMMUT** mitgeteilt werden, daß die Speicheradresse ***s** zum bekannten Root Set gehört. Wird die Funktion **MMMfree_unused** aufgerufen, so benutzt diese Funktion das bekannte Root Set, um die noch benötigten Zellen zu bestimmen.

Formal: Nach der Funktion gilt:

- $\mathcal{KRS}' = \mathcal{KRS} \cup \{ s \}$

Siehe auch: MMMdelete_global, MMMfree_unused

void MMMlfree(S_Pointer s)

Informal: Mit dieser Funktion kann der Speicherverwaltung mitgeteilt werden, daß die Speicherzelle s von einer Stelle weniger benötigt wird. Wird sie von keiner Stelle mehr gebraucht, so wird der Speicher für neue Informationen zur Verfügung gestellt. Im Gegensatz zur Funktion MMMfree() arbeitet diese Funktion nicht rekursiv.

Wie bei der Funktion MMMfree() wird die Funktion, auf die MMMVsystemfree zeigt, aufgerufen, falls der Speicher von s freigegeben wird und s mittels MMMforce_data() angefordert wurde.

Formal: Bei Aufruf der Funktion muß gelten:

- $s \in D(adr)$

Diese Funktion arbeitet mit folgendem Algorithmus:

MMMlfree(s)

```
refs(s) = refs(s) - 1
if (refs(s) == 0)
   delete(s)
```

Siehe auch: MMMfree

void MMMlock(S_Pointer s)

Informal: Die Funktion überprüft, ob das Lock des S-Zeigers s gesetzt ist. Ist dies nicht der Fall, so setzt sie das Lock und kehrt zurück. Ist das Lock allerdings gesetzt, so prüft die Funktion so lange das Lock, bis es zurückgesetzt ist, setzt es dann selbst und kehrt zurück.

Die wichtige Eigenschaft hierbei ist, daß das Prüfen und das Setzen des Locks in dem Fall, daß es nicht gesetzt ist, untrennbar ist, d.h. es wird ein echter Lockmechanismus zur Verfügung gestellt.

Formal: Bei Aufruf der Funktion muß gelten:

- s ∈ D(*adr*)

Nach Aufruf der Funktion gilt:

- *lock*'(s) = MMMlocked

Siehe auch: MMMunlock

S_Pointer MMMmalloc(long Memtyp, typ, size, count)

Informal: Diese Funktion fordert einen S-Zeiger s an, dessen Mem- und Point-Teil nicht initialisiert sind. Der zurückgegebene S-Zeiger hat einen Mem-Teil von mindestens size Bytes und einen Point-Teil mit count Einträgen. Der Zeiger hat den Typ typ, den Speichertyp Memtyp, und es gilt: *refs*(s)=1.

Zeiger, die in den Bereich der Speicherverwaltung zeigen und nicht in den Pool eingetragen sind, sind nach dieser Funktion undefiniert.

Formal: Bei Aufruf der Funktion muß gelten:

- size ≥ 0
- count ≥ 0
- size > 0 oder count > 0

Nach der Funktion gilt:

- $D(adr') = D(adr) \cup \{s\}$
- *adr*'(s) $\in byte^{4*n} \times \{\perp\}^{count}$ mit $size \leq 4*n$
- *refs*'(s) = 1
- *type*'(s) = typ
- Memtyp = MMMCglobal $\Rightarrow s \in S_{global}$
- Memtyp = MMMClocal $\Rightarrow s \in S_{local}$
- $\forall p \in \mathcal{Z} : (Pool(p) = 0 \Rightarrow p \in \mathcal{Z}_{\mathcal{U}}')$
- ρ' = s

Siehe auch: MMMcalloc, MMMfree, MMMlfree, MMMpalloc

T* MMMmv(S_Pointer *s, long mv, C-Typ T, long use)

Informal: Diese Funktion liefert einen Zeiger auf das mv-te Byte des Datenbereiches Mem(*s) zurück. Falls use=MMMwrite ist oder *s vor der Funktion schreibend aktiv war, so ist *s nach der Funktion schreibend aktiv. Falls use=MMMread ist und *s vor der Funktion nicht schreibend aktiv war, so ist *s nach der Funktion lesend aktiv.

Formal: Bei Aufruf der Funktion muß gelten:

- *s ∈ D(*adr*)
- $0 \leq mv + sizeof(T) \leq |content(*\mathcal{B}(s))|$

Nach der Funktion gilt:

- ρ' = (*$\mathcal{B}$'(s),mv),T) mit *adr*'(*$\mathcal{B}$'(s)) = *adr*(*$\mathcal{B}$(s)) , falls mv < $|content(*s)|$
- $father'(*\mathcal{B}'(s)) = father(*\mathcal{B}(s))$
- use = MMMread und s $\notin \alpha_w \Rightarrow$ s $\in \alpha_r$
- use = MMMwrite $\Rightarrow$ s $\in \alpha_w$

- $\forall p \in \mathcal{Z} : (Pool(p) = 0 \Rightarrow p \in \mathcal{Z}_{\mathcal{U}}')$

Siehe auch: MMM, MMMarr, MMMinactiv, MMMmvarr, MMMZ

T* MMMmvarr(S_Pointer *s, long mv, i, C-TYP T, long use)

Informal: Diese Funktion nimmt an, daß ab dem mv-ten Byte des Datenbereiches Mem(*s) ein Array mit Einträgen vom C-Typ T liegt und gibt einen Zeiger auf das (i+1)-te Element dieses Arrays zurück. Falls use=MMMwrite ist oder *s vor der Funktion schreibend aktiv war, so ist *s nach der Funktion schreibend aktiv. Falls use=MMMread ist und *s vor der Funktion nicht schreibend aktiv war, so ist *s nach der Funktion lesend aktiv.

Formal: Bei Aufruf der Funktion muß gelten:

- $*s \in D(adr)$
- $0 \leq mv + (i+1) * sizeof(T) < |content(*\mathcal{B}(s))|$

Nach der Funktion gilt:

- $\rho' = (*\mathcal{B}'(s), mv+i*sizeof(T), T)$ mit $adr'(*\mathcal{B}'(s)) = adr(*\mathcal{B}(s))$,
  falls $mv+i*sizeof(T) < |content(*\mathcal{B}(s))|$
- $father'(*\mathcal{B}'(s)) = father(*\mathcal{B}(s))$
- use = MMMread und $s \notin \alpha_w \Rightarrow s \in \alpha_r$
- use = MMMwrite $\Rightarrow s \in \alpha_w$
- $\forall p \in \mathcal{Z} : (Pool(p) = 0 \Rightarrow p \in \mathcal{Z}_{\mathcal{U}}')$

Siehe auch: MMM MMMarr, MMMinactiv, MMMmv, MMMZ

void MMMnewcounter(S_Pointer *s, long count)

Informal: Mit dieser Funktion wird die Anzahl der S-Zeiger, d.h. die Größe von Point(*s), so verändert, daß in Point(*s) Platz für count S-Zeiger ist. Es werden soviele S-Zeiger wie möglich aus dem alten Point(*s)-Teil in den neuen kopiert.

Zeiger, die in den Bereich der Speicherverwaltung zeigen und nicht im Pool eingetragen sind und Zeiger, die in die Speicherzelle *s zeigen, sind nach dieser Funktion undefiniert.

Formal: Bei Aufruf der Funktion muß gelten:

- $*s \neq$ MMMNULL
- count > 0

Nach dieser Funktion gilt:

- $\forall t \in D(adr) : refs'(t) = refs(t) + (|D(adr')| - |D(adr)|) * |\{n \in N | next(*s, n) = t\}|$
- $counter'(*s) = count$
- $\forall 0 \leq i < min(count, counter(*s)) : next'(s,i) = next(s,i)$
- $\forall p \in \mathcal{Z} : (Pool(p) = 0 \Rightarrow p \in \mathcal{Z}_{\mathcal{U}}')$
- $\forall p \in MMMSVzeiger : (\mathcal{B}(p) = (\mathcal{B}(*s), i, typ) \Rightarrow p \in \mathcal{Z}_{\mathcal{U}}'$

Siehe auch: MMMcounter

void MMMnewsignature(S_Pointer s, long sig)

Informal: Diese Funktion weist dem S-Zeiger s die neue Signatur sig zu. Dies geschieht global, d.h. alle für alle S-Zeiger die s enthalten, ändert sich dieser Wert.

Formal: Bei Aufruf dieser Funktion muß gelten:

- s $\in$ D(adr)

Nach der Funktion gilt:

- $signature'$(s) = sig

Siehe auch: MMMsignature

void MMMnewtype(S_Pointer s, long typ)

Informal: Mit dieser Funktion kann der Typ eines S-Zeigers geändert werden. Da der S-Zeiger vor dem Verändern des Typs nicht kopiert wird, ist diese Änderung global, d.h. sie wirkt sich auch auf andere S-Zeiger aus.

Formal: Bei Aufruf der Funktion muß gelten:

- s $\neq$ MMMNULL

Nach der Funktion gilt:

- $type$(s) = typ

Siehe auch: MMMtype

S_Pointer* MMMP(S_Pointer *s, long i, use)

Informal: Diese Funktion liefert einen S-Zeiger auf den (i+1)-ten S-Zeiger, der in Point(*s) gespeichert ist. Die Art der Aktivität von *s hängt vom Wert von use ab. Mit use kann der Speicherverwaltung mitgeteilt werden, ob aus dem S-Zeiger nur gelesesen werden soll, falls use=MMMread, oder ob auch etwas verändert werden soll, falls use=MMMwrite. Falls use=MMMwrite ist oder *s vor der Funktion schreibend aktiv war, so ist *s nach der Funktion schreibend aktiv. Falls use=MMMread ist und *s vor der Funktion nicht schreibend aktiv war, so ist *s nach der Funktion lesend aktiv.

Formal: Bei Aufruf der Funktion muß gelten:

- *s $\in$ D(adr)
- $0 \leq i < counter(*\mathcal{B}(s))$

Nach der Funktion gilt:

- ρ= (*s,i,S_Pointer) mit $adr'(*\mathcal{B}'(s)) = adr(*\mathcal{B}(s))$, falls $0 \leq i < counter(*s)$
- $father'(*\mathcal{B}'(s)) = father(*\mathcal{B}(s))$
- use = MMMread und s $\notin \alpha_w \Rightarrow$ s $\in \alpha_r$
- use = MMMwrite $\Rightarrow$ s $\in \alpha_w$
- $\forall p \in \mathcal{Z} : (Pool(p) = 0 \Rightarrow p \in \mathcal{Z}_{\mathcal{U}}{}')$

Siehe auch: MMM, MMMinactiv

S_Pointer MMMpalloc(long Memtyp, typ, size, count)

Informal: Diese Funktion arbeitet genauso wie die Funktion MMMmalloc(), mit der Ausnahme, daß die S-Zeiger im Point-Teil des zurückgegebenen Zeigers mit MMMNULL initialisiert sind.

Formal: Bei Aufruf der Funktion muß gelten:

- size ≥ 0
- count ≥ 0
- size > 0 oder count > 0

Nach der Funktion gilt:

- $D(adr') = D(adr) \cup \{s\}$
- $adr'(s) \in byte^{4*n} \times \{MMMNULL\}^{count}$ mit $size \leq 4 * n$
- $refs'(s) = 1$
- *type*'(s) = typ
- Memtyp = MMMCglobal $\Rightarrow s \in S_{global}$
- Memtyp = MMMClocal $\Rightarrow s \in S_{local}$
- $\forall p \in \mathcal{Z} : (Pool(p) = 0 \Rightarrow p \in \mathcal{Z}_{\mathcal{U}}')$
- $\rho' = s$

Siehe auch: MMMcalloc, MMMfree, MMMlfree, MMMmalloc

void MMMpooldelete(T **p)

Informal: Mit Hilfe dieser Funktion wird der Zeiger *p aus dem *Pool* ausgetragen.

Formal: Nach der Funktion gilt:

- *Pool* '(p) = *Pool* (p) - 1

Siehe auch: MMMpoolinit, MMMpoolinsert

void MMMpoolinit()

Informal: Diese Funktion initialisiert den *Pool* der Speicherverwaltung. Dies bedeutet, daß nach dieser Funktion keine Zeiger im Pool stehen.

Formal: Nach der Funktion gilt:

- *Pool* = 0

Siehe auch: MMMpooldelete, MMMpoolinsert

void MMMpoolinsert(T **p)

Informal: Mit Hilfe dieser Funktion kann der Zeiger *p in den *Pool* eingetragen werden. Hierdurch ist gewährleistet, daß der Zeiger, auch wenn andere Zeiger aktiviert werden, auf die gleichen Daten zeigt.

Formal: Nach dieser Funktion gilt:

- *Pool* '(p) = *Pool* (p) + 1

Siehe auch: MMMpooldelete, MMMpoolinit

void MMMprepare_sleep()

Informal: Schlafende (idle) Prozesse können mit Hilfe von Aufwecksignalen aufgeweckt werden. Wache Prozesse ignorieren solche Signale. Damit Aufwecksignale nicht fälschlicher Weise verloren gehen, weil das Einschlafen eines Prozesses zu lange gedauert hat, hat ein Prozess, der sich schlafen legt, die Möglichkeit, vor dem Schlafen eine unteilbare Aktion durchzuführen, in der kein Aufwachsignal ausgeliefert werden und damit auch nicht verloren gehen kann. Diese unteilbare Aktion wird durch Aufruf dieser Funktion begonnen.

Wird der Prozeß aufgewckt, so fährt er mit dem Befehl nach dieser Funktion fort.

Siehe auch: MMMsleep

void MMMrealloc(S_Pointer *s, long size, count)

Informal: Diese Funktion kombiniert die Funktionen MMMresize() und MMMnewcounter() miteinander. Mit ihr ist es möglich, gleichzeitig die Größe von Mem(*s) und von Point(s) zu verändern. Auch bei dieser Funktion wird soviel Information wie möglich aus dem alten S-Zeiger übernommen.

Zeiger, die in den Bereich der Speicherverwaltung zeigen und nicht im Pool eingetragen sind und Zeiger, die in die Speicherzelle *s zeigen, sind nach dieser Funktion undefiniert.

Formal: Bei Aufruf der Funktion muß gelten:

- *s $\neq$ MMMNULL
- size $>$ 0 oder count $>$ 0

Nach der Funktion gilt:

- $\forall t \in D(adr) : refs'(t) = refs(t) + (|D(adr')| - |D(adr)|) * |\{n \in N | next(*s, n) = t\}|$
- $|content'(*s)| \geq$ size
- $\forall 0 \leq i < min(size, |content(*s)|$: content'(*s)[i] = content(*s)[i]
- $counter'$(*s) = count
- $\forall 0 \leq i < min(count, counter(*s))$: $next'$(s,i) = $next$(s,i)
- $\forall p \in \mathcal{Z} : (Pool(p) = 0 \Rightarrow p \in \mathcal{Z}_{\mathcal{U}}')$
- $\forall p \in MMMSVzeiger : (\mathcal{B}(p) = (\mathcal{B}(*s), i, typ) \Rightarrow p \in \mathcal{Z}_{\mathcal{U}}'$

Siehe auch: MMMnewcounter, MMMresize

void MMMreplace(S_Pointer *p, q)

Informal: Nach dieser Funktion zeigt der S-Zeiger *p auf die gleichen Daten wie der S-Zeiger q.

Bei Aufruf der Funktion muß *p ein der Speicherverwaltung bekannter S-Zeiger sein, nach der Speicherverwaltung ist *p der Speicherverwaltung wieder bekannt.

Formal: Bei Aufruf der Funktion muß gelten:

- q $\in$ D(adr)
- *p $\in$ D(adr)

Die Speicherverwaltung führt folgenden Algorithmus aus:
MMMfree(*p) ;
MMMset(p,q) ;

Siehe auch: MMMcopy, MMMfree, MMMset

void MMMresize(S_Pointer *s, long size)

Informal: Mit dieser Funktion wird die Größe des Datenteils Mem(*s) so verändert, daß dieser mindestens size Bytes groß ist. Es wird soviel Speicherinhalt wie möglich aus dem alten Datenbereich in den neuen kopiert. Die S-Zeiger in Point(s) sind die gleichen wie vor dem Aufruf.

Zeiger, die in den Bereich der Speicherverwaltung zeigen und nicht im Pool eingetragen sind und Zeiger, die in die Speicherzelle *s zeigen, sind nach dieser Funktion undefiniert.

Formal: Bei Aufruf der Funktion muß gelten:

- *s $\neq$ MMMNULL
- size > 0

Nach der Funktion gilt:

- $\forall t \in D(adr) : refs'(t) = refs(t) + (|D(adr')| - |D(adr)|) * |\{n \in N | next(*s, n) = t\}|$
- $|content'(*s)| \geq$ size
- $\forall 0 \leq i < min(size, |content(*s)|)$:
  content'(*s)[i] = content(*s)[i]
- $\forall p \in \mathcal{Z} : (Pool(p) = 0 \Rightarrow p \in \mathcal{Z}_{\mathcal{U}}')$
- $\forall p \in MMMSVzeiger : (\mathcal{B}(p) = (\mathcal{B}(*s), i, typ) \Rightarrow p \in \mathcal{Z}_{\mathcal{U}}'$

Siehe auch: MMMrealloc

void MMMset(S_Pointer *p, s)

Informal: Nach dieser Funktion zeigt der S-Zeiger *p auf dieselbe Speicherzelle wie s, *refs*(s) wurde entsprechend erhöht. *p ist nach dieser Funktion unabhängig von s inaktiv.

Formal: Bei Aufruf der Funktion muß gelten:

- s $\in$ D(adr)

Nach der Funktion gilt:

- p $\notin \alpha$
- Falls p $\in \mathcal{Z}$, p=(t,n)
  - $next'$(t,n) = $father$(s)
  - $refs'$(s) = $refs$(s)+1
- Falls p $\notin \mathcal{Z}$
  - $\mathcal{B}'$(*p) = s
  - $refs'$(s) = $refs$(s)+1

Siehe auch: MMMcopy, MMMreplace

void MMMshift(S_Pointer sour,long spos,S_Pointer dest,long dpos,count)

Informal: Mit dieser Funktion können Bereiche aus dem Point-Teil des S-Zeigers sour in den Point-Teil des S-Zeigers dest kopiert werden. Der Referenzzähler der kopierten S-Zeiger wird allerdings nicht erhöht. Außerdem wird der Referenzzähler der überschriebenen S-Zeiger nicht erniedrigt.

Formal: Bei Aufruf der Funktion muß gelten:

- dpos + count $\leq$ MMMcounter(dest)
- spos + count $\leq$ MMMcounter(sour)

Nach der Funktion gilt:

- $\forall 0 \leq i < count$: *next'*(dest,dpos+i) = *next*(sour,spos+i)

long MMMsignature(S_Pointer s)

Informal: Diese Funktion gibt die Signatur des S-Zeigers s zurück.

Formal: Bei Aufruf dieser Funktion muß gelten:

- s $\in$ D(*adr*)

Nach der Funktion gilt:

- ρ'=*signature*(s)

Siehe auch: MMMnewsignature

long MMMsize(S_Pointer s)

Informal: Diese Funktion liefert die Größe des Datenteils Mem(s) in Byte zurück.

Formal: Bei Aufruf der Funktion muß gelten:

- s $\in$ D(*adr*)

Nach der Funktion gilt:

- ρ' = $|content(s)|$

Siehe auch: MMMrealloc, MMMresize

void MMMsleep()

Informal: Diese Funktion ist das Gegenstück zur Funktion **MMMprepare_sleep**. Sie beendet die unteilbare Aktion vor dem Schlafen und legt den ausführenden Prozeß schlafen.

Siehe auch: MMMprepare_sleep

S_Pointer MMMread_local_shared(long i)

Informal: Prozesse, die auf dem gleichen Rechner ablaufen, haben gemeinsame Variablen, auf die Prozesse anderer Rechner nicht zugreifen können. Wieviele solche Variablen es gibt, ist implementationsabhängig, es gibt aber zumindest die Variable mit dem Index 0. Diese Funktion liest die lokale gemeinsame Variable mit dem Index i aus und gibt den Wert zurück.

Siehe auch: MMMwrite_local_shared

S_Pointer MMMread_shared(long i)

Informal: Alle von **MAMMUT** verwalteten Prozesse haben gemeinsame Variablen. Wieviele solche Variablen es gibt, ist implementationsabhängig, es gibt aber zumindest die Variable mit dem Index 0. Diese Funktion liest die gemeinsame Variable mit dem Index i und gibt den Wert zurück.

Siehe auch: MMMwrite_shared

long MMMtype(S_Pointer s)

Informal: Die Funktion liefert den Typ des S-Zeigers s zurück.

Formal: Bei Aufruf der Funktion muß gelten:

- $s \in D(adr)$

Nach der Funktion gilt:

- $\rho' = type(s)$

Siehe auch: MMMnewtype

void MMMunlock(S_Pointer s)

Informal: Die Funktion setzt das Lock des S-Zeigers s zurück.

Formal: Bei Aufruf der Funktion muß gelten:

- $s \in D(adr)$

Nach Aufruf der Funktion gilt:

- $lock'(s) =$ MMMunlocked

Siehe auch: MMMunlock

void MMMunmoveable(S_Pointer s, long b)

Informal: Die Funktion markiert den S-Zeiger s als verschiebbar, falls b den Wert 0 hat, sonst wird s als unverschiebbar gekennzeichnet.

void MMMwake_up(long pid)

Informal: Die Funktion sendet ein Aufwecksignal an den durch **pid** spezifizierten Prozeß. Schläft dieser Prozeß, so wird er aufgeweckt. Ansonsten ignoriert der empfangende Prozeß das Aufwecksignal.

Siehe auch: MMMsleep

void MMMwrite_local_shared(long i, S_Pointer s)

Informal: Prozesse, die auf dem gleichen Rechner ablaufen, haben gemeinsame Variablen, auf die Prozesse anderer Rechner nicht zugreifen können. Wieviele solche Variablen es gibt, ist implementationsabhängig, es gibt aber zumindest die Variable mit dem Index 0. Diese Funktion setzt die lokale gemeinsame Variable mit dem Index i auf den Wert s.

Siehe auch: MMMread_local_shared

void MMMwrite_shared(long i, S_Pointer s)

Informal: Alle von **MAMMUT** verwalteten Prozesse haben gemeinsame Variablen. Wieviele solche Variablen es gibt, ist implementationsabhängig, es gibt aber zumindest die Variable mit dem Index 0. Diese Funktion setzt die gemeinsame Variable mit dem Index i auf den Wert s.

Siehe auch: MMMread_shared

T* MMMZ(S_Pointer *s, C-Typ T, long use)

Informal: Diese Funktion liefert einen Zeiger auf den Datenbereich Mem(*s). Die Art der Aktivität des Zeigers nach der Funktion hängt vom Wert von use ab.

Formal: Bei Aufruf der Funktion muß gelten:

- $*s \in D(adr)$
- $\text{sizeof(T)} \leq |content(*s)|$

Nach der Funktion gilt:

- $\rho' = (*\mathcal{B}'(s),0,T)$ mit $adr'(*\mathcal{B}'(s)) = adr(*\mathcal{B}(s))$, falls $|\text{Mem}(*s)| > 0$
- $father'(*\mathcal{B}'(s)) = father(*\mathcal{B}(s))$
- use = MMMread und $s \notin \alpha_w \Rightarrow s \in \alpha_r$
- use = MMMwrite $\Rightarrow s \in \alpha_w$
- $\forall p \in \mathcal{Z} : (Pool(p) = 0 \Rightarrow p \in \mathcal{Z}_{\mathcal{U}}')$

Siehe auch: MMM, MMMarr, MMMinactiv, MMMmv, MMMmvarr

SHARED_DECL(Typ, Name)

Informal: Die Verwendung der **MMMread_shared**, **MMMwrite_shared** Schnittstelle ist manchmal etwas umständlich und deshalb gibt es einen Aufsatz auf diese Schnittstelle, mit der gemeinsame Variablen erzeugt werden können. Aus Effizienzgründen sollte diese Schnittstelle so wenig wie möglich genutzt werden.

Dieses Definement deklariert eine gemeinsame Variable des Namens Name vom Typ Typ.

Siehe auch: SHARED_DEF, SHARED_EXIT, SHARED_INIT, SHARED_READ, SHARED_WRITE

SHARED_DEF(Typ, Name)

Informal: Dieses Definement definiert eine gemeinsame Variable aller Prozesse des Namens Name vom Typ Typ. Die Variable muß vorher mit **SHARED_DECL** deklariert worden sein.

Siehe auch: SHARED_DECL, SHARED_EXIT, SHARED_INIT, SHARED_READ, SHARED_WRITE

SHARED_EXIT(Name)

Informal: Dieses Definement signalisiert, daß die gemeinsame Variable des Namens Name nicht mehr benötigt wird. Dieses Definement muß für jede SHARED Variable vor Aufruf der Funktion **MMMexit** aufgerufen werden.

Siehe auch: SHARED DECL, SHARED_DEF, SHARED_INIT, SHARED_READ, SHARED_WRITE

SHARED_INIT(Typ, Name)

Informal: Dieses Definement initialisiert eine gemeinsame Variable des Namens Name vom Typ Typ. Die Variable muß vorher mit **SHARED_DEF** definiert worden sein. Diese Definement muß zwischen dem Aufruf der Funktion **MMM-first_init** und dem Aufruf der Funktion **MMMinit** ausgeführt werden.

Siehe auch: SHARED_DECL, SHARED_DEF, SHARED_EXIT, SHARED_READ, SHARED_WRITE

Typ SHARED_READ(Name)

Informal: Dieses Definement liest den Wert der gemeinsamen Variablen des Namens Name aus und gibt es zurück. Bevor dieses Definement für eine gemeinsame Variable angewandt werden kann, muß sie mit **SHARED_INIT** initialisiert worden sein.

Siehe auch: SHARED_DECL, SHARED_DEF, SHARED_EXIT, SHARED_INIT, SHARED_WRITE

SHARED_WRITE(Name, Value)

Informal: Dieses Definement setzt den Wert der gemeinsamen Variablen des Namens Name auf den Wert Value. Bevor dieses Definement für eine gemeinsame Variable angewandt werden kann, muß sie mit **SHARED_INIT** initialisiert worden sein.

Siehe auch: SHARED_DECL, SHARED_DEF, SHARED_EXIT, SHARED_INIT, SHARED_READ

VALUE_DECL(Typ, Name)

Informal: In vielen Fällen werden globale Variablen nur benötigt, um Konstanten zu speichern, die sich während der gesamten Laufzeit nicht ändern. Für einen solchen Zweck können globalen Variablen verwendet werden, wie sie mit den Funktionen GLOBAL_... erzeugt werden können. In manchen Fällen ist es aber möglich, globale Variablen, die nur einmal beschrieben werden, effizienter zu speichern. Deshalb bietet **MAMMUT** auch eine Schnittstelle, um Konstanten zu definieren.

Dieses Definement deklariert eine konstante Variable des Namens Name vom Typ Typ.

Siehe auch: VALUE_DEF, VALUE_EXIT, VALUE_INIT, VALUE_READ, VALUE_WRITE

VALUE_DEF(Typ, Name)

Informal: Dieses Definement definiert eine konstante Variable des Namens Name vom Typ Typ. Die Variable muß vorher mit **VALUE_DECL** deklariert worden sein.

Siehe auch: VALUE_DECL, VALUE_EXIT, VALUE_INIT, VALUE_READ, VALUE_WRITE

VALUE_EXIT(Name)

Informal: Dieses Definement signalisiert, daß die konstante Variable des Namens Name nicht mehr benötigt wird. Dieses Definement muß für jede VALUE Variable vor Aufruf der Funktion **MMMexit** aufgerufen werden.

Siehe auch: VALUE_DECL, VALUE_DEF, VALUE_INIT, VALUE_READ, VALUE_WRITE

VALUE_INIT(Typ, Name)

Informal: Dieses Definement initialisiert eine konstante Variable des Namens Name vom Typ Typ. Die Variable muß vorher mit **VALUE_DEF** definiert worden sein. Diese Definement muß zwischen dem Aufruf der Funktion **MMMfirst_init** und dem Aufruf der Funktion **MMMinit** ausgeführt werden.

Siehe auch: VALUE_DECL, VALUE_DEF, VALUE_EXIT, VALUE_READ, VALUE_WRITE

Typ VALUE_READ(Name)

Informal: Dieses Definement liest den Wert der konstanten Variablen des Namens Name aus und gibt es zurück. Bevor dieses Definement für eine konstante Variable angewandt werden kann, muß sie mit **VALUE_INIT** initialisiert worden sein.

Siehe auch: VALUE_DECL, VALUE_DEF, VALUE_EXIT, VALUE_INIT, VALUE_WRITE

VALUE_WRITE(Name, Value)

Informal: Dieses Definement setzt den Wert der konstanten Variablen des Namens Name auf den Wert Value. Bevor dieses Definement für eine konstante Variable angewandt werden kann, muß sie mit **VALUE_INIT** initialisiert worden sein.

Siehe auch: VALUE_DECL, VALUE_DEF, VALUE_EXIT, VALUE_INIT, VALUE_READ

Anhang A

Tabellen der Funktionen

Tabelle A.1: Liste aller **MAMMUT**-Funktionen

Funktionsname	Kurzbeschreibung
GLOBAL_DECL(Typ, Name)	Deklariere globale Variable
GLOBAL_DEF(Typ, Name)	Definiere globale Variable
GLOBAL_INIT(Typ, Name)	Initialisiere globale Variable
GLOBAL_EXIT(Name)	Lösche globale Variable
GLOBAL_READ(Name)	Lese globale Variable
GLOBAL_WRITE(Name, Value)	Beschreibe globale Variable
MMM(S_Pointer s)	Erzeuge inaktive Kopie
MMMarr(S_Pointer *s, long i, C-Typ T, long use)	Erzeuge Zeiger in Mem-Teil
MMMcalloc(long Memtyp, typ, size, count)	Allokiere initialisierte **MAMMUT**-Zelle
MMMchange(S_Pointer *s)	Bereite Anderung ohne Seiteneffekt vor
MMMcopy(S_Pointer s)	Kopiere S-Zeiger
MMMcounter(S_Pointer s)	Erfrage Anzahl der Einträge im Point-Teil
MMMdelete_global(S_Pointer *s)	Verkleinere Root Set
MMMequal(S_Pointer p, q)	Vergleiche S-Zeiger
MMMexit()	Verlasse **MAMMUT**
MMMfirst_init()	Vorinitialisieren von **MAMMUT**
MMMforce_data(long Memtyp, typ, char *data, long size)	Allokiere Zelle mit vorbestimmten Mem-Teil
MMMfree(S_Pointer s)	Gib S-Zeiger frei
MMMfree_unused()	Collection anhand Root Set
MMMinactiv(S_Pointer *s)	Inaktiviere S-Zeiger
MMMinit(char *name)	Initialisieren von **MAMMUT**

Fortsetzung nächste Seite

Forsetzung von vorheriger Seite	
Funktionsname	Kurzbeschreibung
MMMinsert_global(S_Pointer *s)	Erweitere Root Set
MMMlfree(S_Pointer s)	Gib S-Zeiger nicht rekursiv frei
MMMlock(S_Pointer s)	Locke Zelle
MMMmalloc(long Memtyp, typ, size, count)	Allokiere Zelle
MMMmv(S_Pointer *s, long mv, C-Typ T, long use)	Erzeuge Zeiger in Mem-Teil
MMMmvarr(S_Pointer *s, long mv, i, C-TYP T, long use)	Erzeuge Zeiger in Mem-Teil
MMMnewcounter(S_Pointer *s, long count)	Verändere Größe von Point-Teil
MMMnewsignature(S_Pointer s, long sig)	Neue Signatur
MMMnewtype(S_Pointer s, long typ)	Neuer Typ
MMMP(S_Pointer *s, long i, use)	Erzeuge Zeiger in Point-Teil
MMMpalloc(long Memtyp, typ, size, count)	Allokiere Zelle mit initialisertem Point-Teil
MMMpooldelete(T **p)	Lösche Zeiger aus POOL
MMMpoolinit()	Lösche alle Zeiger aus POOL
MMMpoolinsert(T **p)	Trage Zeiger in POOL ein
MMMprepare_sleep()	Einschlafen vorbereiten
MMMread_local_shared(long i)	Gemeinsame lokale Variable lesen
MMMread_shared(long i)	Gemeinsame Variable lesen
MMMrealloc(S_Pointer *s, long size, count)	Verändere Größe von Mem- und Point-Teil
MMMreplace(S_Pointer *p, q)	Zuweisung
MMMresize(S_Pointer *s, long size)	Veränderung der Größe des Mem-Teils
MMMset(S_Pointer *p, s)	Zuweisung
MMMshift(S_Pointer sour, long spos, S_Pointer dest, long dpos, count)	Verschieben im Point-Teil
MMMsignature(S_Pointer s)	Abfragen der Signatur
MMMsize(S_Pointer s)	Abfragen der Größe des Mem-Teils
MMMsleep()	Einschlafen
MMMtype(S_Pointer s)	Abfragen des Typs
MMMunlock(S_Pointer s)	Unlocken einer Zelle
MMMunmoveable(S_Pointer s, long b)	Als (un-)verschiebbar kennzeichnen
MMMwake_up(long pid)	Aufwecken
MMMwrite_local_shared(long i)	Gemeinsamer lokalen Variablen Wert zuweisen
MMMwrite_shared(long i)	Gemeinsamer Variablen Wert zuweisen
MMMZ(S_Pointer *s, C-Typ T, long use)	Erzeuge Zeiger in Mem-Teil
SHARED_DECL(Typ, Name)	Deklariere gemeinsame Variable
SHARED_DEF(Typ, Name)	Definiere gemeinsame Variable
SHARED_INIT(Typ, Name)	Initialisiere gemeinsame Variable
SHARED_EXIT(Name)	Lösche gemeinsame Variable
SHARED_READ(Name)	Lese gemeinsame Variable
	Fortsetzung nächste Seite

Forsetzung von vorheriger Seite	
Funktionsname	Kurzbeschreibung
SHARED_WRITE(Name, Value)	Beschreibe gemeinsame Variable
VALUE_DECL(Typ, Name)	Deklariere konstante Variable
VALUE_DEF(Typ, Name)	Definiere konstante Variable
VALUE_INIT(Typ, Name)	Initialisiere konstante Variable
VALUE_EXIT(Name)	Lösche konstante Variable
VALUE_READ(Name)	Lese konstante Variable
VALUE_WRITE(Name, Value)	Beschreibe konstante Variable

Tabelle A.2: Liste aller **MAMMUT**-Funktionen zum Allokieren

Funktionsname	Kurzbeschreibung
MMMcalloc(long Memtyp, typ, size, count)	Allokiere initialisierte **MAMMUT**-Zelle
MMMforce_data(long Memtyp, typ, char *data, long size)	Allokiere Zelle mit vorbestimmten Mem-Teil
MMMmalloc(long Memtyp, typ, size, count)	Allokiere Zelle
MMMpalloc(long Memtyp, typ, size, count)	Allokiere Zelle mit initialisertem Point-Teil

Tabelle A.3: Liste aller **MAMMUT**-Funktionen zum Freigeben

Funktionsname	Kurzbeschreibung
MMMfree(S_Pointer s)	Gib S-Zeiger frei
MMMfree_unused()	Collection anhand Root Set
MMMlfree(S_Pointer s)	Gib S-Zeiger nicht rekursiv frei

Tabelle A.4: Liste aller **MAMMUT**-Funktionen zur Veränderung der Größe von Zellen

Funktionsname	Kurzbeschreibung
MMMnewcounter(S_Pointer *s, long count)	Verändere Größe von Point-Teil
MMMrealloc(S_Pointer *s, long size, count)	Verändere Größe von Mem- und Point-Teil
MMMresize(S_Pointer *s, long size)	Veränderung der Größe des Mem-Teils

Tabelle A.5: Liste aller **MAMMUT**-Funktionen zum Kopieren von Zellen

Funktionsname	Kurzbeschreibung
MMMcopy(S_Pointer s)	Kopiere S-Zeiger
MMMreplace(S_Pointer *p, q)	Zuweisung
MMMset(S_Pointer *p, s)	Zuweisung
MMMshift(S_Pointer sour, long spos, S_Pointer dest, long dpos, count)	Verschieben im Point-Teil

Tabelle A.6: Liste aller **MAMMUT**-Funktionen zum Lesen und Manipulieren des Inhalts von Zellen

Funktionsname	Kurzbeschreibung
MMM(S_Pointer s)	Erzeuge inaktive Kopie
MMMarr(S_Pointer *s, long i, C-Typ T, long use)	Erzeuge Zeiger in Mem-Teil
MMMchange(S_Pointer *s)	Bereite Änderung ohne Seiteneffekt vor
MMMdelete_global(S_Pointer *s)	Verkleinere Root Set
MMMP(S_Pointer *s, long i, use)	Erzeuge Zeiger in Point-Teil
MMMinactiv(S_Pointer *s)	Inaktiviere S-Zeiger
MMMmv(S_Pointer *s, long mv, C-Typ T, long use)	Erzeuge Zeiger in Mem-Teil
MMMmvarr(S_Pointer *s, long mv, i, C-TYP T, long use)	Erzeuge Zeiger in Mem-Teil
MMMpooldelete(T **p)	Lösche Zeiger aus POOL
MMMpoolinit()	Lösche alle Zeiger aus POOL
MMMpoolinsert(T **p)	Trage Zeiger in POOL ein
MMMZ(S_Pointer *s, C-Typ T, long use)	Erzeuge Zeiger in Mem-Teil

Tabelle A.7: Liste aller **MAMMUT**-Funktionen zum Erhalten und Verändern von Statusinformationen von Zellen

Funktionsname	Kurzbeschreibung
MMMcounter(S_Pointer s)	Erfrage Anzahl der Einträge im Point-Teil
MMMlock(S_Pointer s)	Locke Zelle
MMMnewsignature(S_Pointer s, long sig)	Neue Signatur
MMMnewtype(S_Pointer s, long typ)	Neuer Typ
MMMsignature(S_Pointer s)	Abfragen der Signatur
MMMsize(S_Pointer s)	Abfragen der Größe des Mem-Teils
MMMtype(S_Pointer s)	Abfragen des Typs
MMMunlock(S_Pointer s)	Unlocken einer Zelle
MMMunmoveable(S_Pointer s, long b)	Als (un-)verschiebbar kennzeichnen

Tabelle A.8: Liste aller **MAMMUT**-Funktionen zur Kommunikation von Prozessen untereinander

Funktionsname	Kurzbeschreibung
GLOBAL_DECL(Typ, Name)	Deklariere globale Variable
GLOBAL_DEF(Typ, Name)	Definiere globale Variable
GLOBAL_INIT(Typ, Name)	Initialisiere globale Variable
GLOBAL_EXIT(Name)	Lösche globale Variable
GLOBAL_READ(Name)	Lese globale Variable
GLOBAL_WRITE(Name, Value)	Beschreibe globale Variable
MMMprepare_sleep()	Einschlafen vorbereiten
MMMread_local_shared(long i)	Gemeinsame lokale Variable lesen
MMMread_shared(long i)	Gemeinsame Variable lesen
MMMsleep()	Einschlafen
MMMwake_up(long pid)	Aufwecken
MMMwrite_local_shared(long i)	Gemeinsamer lokalen Variablen Wert zuweisen
MMMwrite_shared(long i)	Gemeinsamer Variablen Wert zuweisen
SHARED_DECL(Typ, Name)	Deklariere gemeinsame Variable
SHARED_DEF(Typ, Name)	Definiere gemeinsame Variable
SHARED_INIT(Typ, Name)	Initialisiere gemeinsame Variable
SHARED_EXIT(Name)	Lösche gemeinsame Variable
	Fortsetzung nächste Seite

Forsetzung von vorheriger Seite	
Funktionsname	Kurzbeschreibung
SHARED_READ(Name)	Lese gemeinsame Variable
SHARED_WRITE(Name, Value)	Beschreibe gemeinsame Variable
VALUE_DECL(Typ, Name)	Deklariere konstante Variable
VALUE_DEF(Typ, Name)	Definiere konstante Variable
VALUE_INIT(Typ, Name)	Initialisiere konstante Variable
VALUE_EXIT(Name)	Lösche konstante Variable
VALUE_READ(Name)	Lese konstante Variable
VALUE_WRITE(Name, Value)	Beschreibe konstante Variable

Tabelle A.9: Liste aller Funktionen zur Initialisierung von **MAMMUT**

Funktionsname	Kurzbeschreibung
MMMexit()	Verlasse **MAMMUT**
MMMfirst_init()	Vorinitialisieren von **MAMMUT**
MMMinit(char *name)	Initialisiere **MAMMUT**

Tabelle A.10: Liste aller **MAMMUT**-Funktionen, die MMMNULL als Argument erlauben

Funktionsname	Kurzbeschreibung
MMM(S_Pointer s)	Erzeuge inaktive Kopie
MMMcopy(S_Pointer s)	Kopiere S-Zeiger
MMMequal(S_Pointer p, q)	Vergleiche S-Zeiger
MMMfree(S_Pointer s)	Gib S-Zeiger frei
MMMlfree(S_Pointer s)	Gib S-Zeiger nicht rekursiv frei
MMMreplace(S_Pointer *p, q)	Zuweisung
MMMset(S_Pointer *p, s)	Zuweisung
MMMwrite_local_shared(long i)	Gemeinsamer lokalen Variablen Wert zuweisen
MMMwrite_shared(long i)	Gemeinsamer Variablen Wert zuweisen

Anhang B

Existierende Implementationen

Momentan existieren drei Implementationen des **MAMMUT**-Interfaces. Zwei dieser Implementationen beruhen auf Referenzzähl-Kollektoren. Eine dieser Version ist nur sequentiell lauffähig und dient hauptsächlich dazu, die korrekte Benutzung des **MAMMUT**-Interfaces zu überprüfen. Im folgenden wird diese Version deshalb Debug-Version genannt.

Die andere Version ist auch auf parallelen Rechnern mit gemeinsamem Speicher lauffähig und existiert derzeit auf folgenden UNIX-Plattformen: SUN/Solaris, Sequent Symmetry, SGI und Convex. Im folgenden wird diese Version parallele Version genannt, obwohl sie auch auf sequentiellen Rechnern lauffähig ist und obwohl auch diese Implementation Möglichkeiten bereitstellt, um die korrekte Benutzung des Interfaces zu überprüfen. Diese Version geht genauso wie die Debug-Version davon aus, daß der zugrundeliegende Speicher ein linear adressierbarer Speicher ist und nicht aus Zellen besteht, die selbst wieder verschiedene Größen haben können.

Die dritte Implementation basiert nicht auf einem Referenzzähl-Kollektor, sondern gibt selbst keinen Speicher frei. Der Speicher wird von einem beliebigen untergelegten konservativen Kollektor wieder freigegeben. Implementiert ist diese Version momentan mit dem POSSO Kollektor, der unter `ftp.di.unipi.it:/pub/project/posso/cmm` verfügbar ist und auf einem Mostly-Copying Kollektor beruht, und dem Boehm-Weiser Kollektor, der unter `http://reality.sgi.com/employees/boehm_mti/gc.html` verfügbar ist und auf einem Mark-Sweep Kollektor beruht. Diese Implementation wird im folgenden automatische Version genannt, da es bei dieser Implementation nicht nötig ist, Zellen explizit mit **MMMfree**[1] wieder freizugeben, da eine Zelle automatisch wieder freigegeben wird, wenn kein Zeiger mehr auf sie verweist.

Zu beachten ist, daß keine der gegenwärtigen Implementationen die Allokation von lokalen S-Zeigern (siehe 3.2) unterstützt, da dies momentan von MuPAD nicht benötigt wird. Die verschiebende automatische Version von MuPAD ignoriert momentan auch die Funktion **MMMunmoveable**, da auch diese von MuPAD nicht benötigt wird[2].

[1] Es kann trotzdem **MMMfree** verwendet werden, diese Funktion hat allerdings keinen Effekt.

[2] Alle anderen Implementationen verschieben den Speicher nicht und deshalb kann die Funktion **MMMunmoveable** ignoriert werden, ohne die Spezifikation von **MAMMUT** zu verletzen.

B.1 Gemeinsamkeiten der Referenzzähl-Versionen

Um untersuchen zu können, welches Allokations- und Freigabeverhalten das **MAMMUT** benutzende Programm hat, bieten sowohl die sequentielle als auch die parallele Version eine Reihe von Variablen[3]:

MMMVused_blocks: Diese Variable gibt an, wieviele Zellen momentan vom Programm benutzt werden.

MMMVused_memory: Diese Variable gibt an, wieviel Speicherplatz momentan von allen Prozessen zusammen benötigt wird. In diese Zahl ist nicht der Speicher mit eingerechnet, der von den Headern[4] benötigt wird. Der insgesamt reservierte Speicher kann ermittelt werden, indem zu dieser Variable noch der Wert `MMMVused_blocks*sizeof(struct MMMSheader)` hinzuaddiert wird.

MMMVreserved_blocks: Die beiden Referenzzähl-Implementationen benutzen Freilisten für kleine Speicherbereiche. Diese Variable gibt an, wieviele Zellen gerade vom Programm benötigt und von der Speicherverwaltung in Freilisten gehalten werden.

MMMVreserved_memory: Diese Variable gibt an, wieviel Speicherplatz von den vom Programm benötigten und in den Freilisten der Speicherverwaltung gehaltenen Zellen benötigt wird. In diese Zahl ist nicht der Speicher mit eingerechnet, der von den Headern benötigt wird. Der insgesamt reservierte Speicher kann ermittelt werden, indem zu dieser Variable noch der Wert `MMMVreserved_blocks*sizeof(struct MMMSheader)` hinzuaddiert wird.

MMMVmax_reserved_memory: Diese Variable gibt an, wieviel Speicher maximal während der Programmlaufzeit allokiert war.

MMMVmalloc: Diese Variable gibt an, wie oft eine der Funktionen MMMmalloc, MMMpalloc oder MMMcalloc aufgerufen wurde.

MMMVfrees: Diese Variable gibt an, wie oft die Funktion MMMfree aufgerufen wurde.

MMMVrealfrees: Diese Variable gibt an, wie oft der Referenzzähler einer Zelle beim Aufruf der Funktion MMMfree auf 0 heruntergezählt wurde, d.h. wie oft wirklich Zellen freigegeben wurden.

B.2 Debug-Version

Da der Programmierer bei der Programmierung mit der **MAMMUT**-Schnittstelle viele Aufgaben selbst übernehmen muß, können beim Programmieren viele Fehler gemacht werden. Deshalb gibt es eine Implementation der Speicherverwaltung, mit der eine große Anzahl der häufigen Fehler auf relativ einfache Weise gefunden werden kann.

[3]Es handelt sich dabei um normale globale Variablen.

[4]Zu jeder Zelle gehört ein Header, in dem alle Statusinformationen sowie die Anzahl der Referenzen gespeichert sind.

B.2.1 Verwendete Filenamen

Die Debug-Version ist in den Files MMMglobal.h, MMMstorage_macro.h, MMMstorage_mem.h, MMMstorage_type.h, MMMstorage_help.h, MMMstorage_help.c und MMMstorage_gen.c implementiert.

Im File MMMglobal.h werden die globalen Variablen dieser Implementation deklariert; in MMMstorage_macro.h werden die benutzten Makros definiert; in MMMstorage_mem.h wird definiert, wieviele Freilisten die Speicherverwaltung anlegen soll und um wieviel Einträge die Freilisten jeweils vergrößert werden sollen; in MMMstorage_type.h werden die C-Typen definiert, die von der Implementation benutzt werden; in MMMstorage_help.h werden die Funktionen deklariert, die in MMMstorage_help.c definiert werden und in MMMstorage_gen.c werden die Schnittstellenfunktionen von **MAMMUT** selbst definiert.

Beim Compilieren muß allerdings nur das File MMMstorage_gen.h eingebunden werden, die restlichen Files werden automatisch dazugeladen. Dazugelinkt werden müssen die Files MMMstorage_help.o und MMMstorage_gen.o.

B.2.2 Die Option MMMDACTIV

Wird die Speicherverwaltung mit dieser Option compiliert, so führt die Speicherverwaltung Buch über alle Aktivierungen und Inaktivierungen von S-Zeigern. Es stehen folgende zusätzlichen Variablen zur Verfügung:

long MMMVactiv_pointers: Diese Variable gibt an, wieviele Zeiger durch ein MMMP() oder eine ähnliche Funktion aktiviert wurden und immer noch aktiv sind.

long MMMVactiv_pointers1: Diese Variable gibt an, wie groß die Anzahl der S-Zeiger wäre, die die Speicherverwaltung für aktiv halten würde, wenn die Aktivität im S_Pointer selbst gespeichert wäre. Z.B. sei ein S_Pointer s aktiv, und er werde als Argument einer Funktion benutzt. Er wird nun vom Compiler in eine Variable t kopiert, die nun auch als aktiv gekennzeichnet ist. Wird nun die Funktion MMMZ(&t,...) angewandt, so hält die Speicherverwaltung t für bereits aktiv, so daß der Zähler für die aktiven S-Zeiger nicht verändert werden muß. Wird nun allerdings MMMinactiv(&t) aufgerufen, so wird dieser Zähler um 1 vermindert. So kann es passieren, daß die Speicherverwaltung meint, daß auf eine Speicherzelle momentan nicht mehr zugegriffen wird, obwohl noch aktive S-Zeiger auf sie verweisen und folglich ein Zugriff stattfinden kann. Insbesondere in einer verteilten Version kann dies zu Fehlern führen.

Der Wert dieser Variablen ist immer $\leq$ MMMVactiv_pointers. Wurde bei der Programmierung kein Fehler gemacht, so ist der Wert immer gleich MMMVactiv_pointers. Mit dieser Variable kann geprüft werden, ob die Funktion MMM() nicht vergessen wurde.

long MMMVactiv: Diese Variable gibt an, wieviele Aktivierungen vorgenommen wurden.

long MMMVactiv_contents: Diese Variable gibt an, auf wieviele verschiedene Inhalte die im Moment aktiven S-Zeiger zeigen.

long MMMVinactiv: Diese Variable gibt an, wieviele Inaktivierungen vorgenommen worden sind.

long MMMVreal_activ: Diese Variable gibt an, wieviele echte Aktivierungen durchgeführt worden sind, d.h., wie häufig ein S-Zeiger aktiviert wurde, der davor nocht nicht aktiv war.

long MMMVreal_inactiv: Diese Variable gibt an, wie oft die Funktion MMMinactiv() auf einen Zeiger angewendet wurde, der wirklich aktiv war.

long MMMVmax_activ_to_content: Diese Variable gibt an, wieviele gleichzeitig aktive Zeiger auf die gleiche Speicherzelle gezeigt haben.

long MMMVmax_activ_pointers: Diese Variable gibt an, wieviele Zeiger maximal gleichzeitig aktiv waren.

long MMMVmax_activ_contents: Diese Variable gibt an, auf wieviele verschiedene Speicherzellen maximal gleichzeitig von aktiven Zeigern verwiesen wurde.

long MMMV_MMM_calls: Diese Variable gibt an, wie oft die Funktion MMM() aufgerufen wurde.

long MMMV_MMM_calls_activ: Diese Variable gibt an, wie oft die Funktion MMM() mit einem aktiven Zeiger aufgerufen wurde.

B.2.3 Die Option MMMMOVE

Mit Hilfe dieser Option hat man die Möglichkeit zu entdecken, wenn bei Zeigern vergessen wurde, sie in den Pool einzutragen. Außerdem kann man mit dieser Version feststellen, wenn man vergißt, Zeiger wieder aus dem Pool auszutragen.

long MMMVenable_move: Im Gegensatz zu den anderen Variablen kann und soll diese Variable vom Benutzer gesetzt werden.

Hat diese Variable den Wert 0, so werden die Speicherzellen der Speicherverwaltung nicht verschoben. In diesem Fall läuft die Speicherverwaltung annähernd so schnell wie normal.

Hat die Variable den Wert 1, so werden die Speicherzellen der Speicherverwaltung fortwährend verschoben, so daß ein Laufzeitfehler auftritt, wenn vergessen wurde, einen Zeiger in den Pool einzutragen. Durch das Verschieben wird das Programm allerdings sehr langsam.

Im Gegensatz zu den anderen Variablen kann und soll diese Variable vom Benutzer gesetzt werden.

long MMMVpool.anz: Gibt an, wieviele Zeiger momentan im Pool gespeichert sind.

long MMMVpool.max: Gibt an, wieviele Zeiger maximal zum gleichen Zeitpunkt im Pool gespeichert waren.

B.2.4 Die Option MMMDEBUG

Mit Hilfe dieser Option hat man die Möglichkeit, Fehler bei der Freigabe von S-Zeigern zu erkennen.
Sie meldet es, wenn ein S-Zeiger, der bereits völlig freigegeben wurde, ein weiteres Mal freigegeben wird. Außerdem werden beim Aufruf der Funktion MMMexit() alle S-Zeiger aufgelistet, die im Verlauf der Sitzung nicht freigegeben wurden.

B.3 Parallele Version

B.3.1 Zugrundeliegendes Modell

Eine der wichtigen Zielarchitekturen von **MAMMUT** sind Rechner mit einem linear geordneten gemeinsamen Speicher. Dieser Speicher kann Hardware-mäßig implementiert sein oder er kann auf einem verteilten System simuliert werden [3, 52, 70, 82, 71, 42, 53, 48, 20, 76]. Diese Implementation setzt einen solchen linear geordneten Speicher voraus. Eine mögliche Implementierung, die nicht linear geordneten Speicher voraussetzt, wird in Abschnitt B.5 skizziert.

Die Prozesse, die **MAMMUT** erzeugt, sind normale Prozesse, denen mit Hilfe des UNIX-Befehls mmap() ein gemeinsamer Speicherbereich zugeordnet wird. Die Implementation der Speicherverwaltung mit Hilfe von Threads ist im Prinzip einfacher als die Implementation mit Prozessen — insbesondere ist der gemeinsame Speicher einfacher zu realisieren. Momentan werden allerdings in MuPAD viele globale Variablen verwendet, die für jeden Thread einen eigenen Wert annehmen können müssen[5]. Der POSIX-Threadstandard unterstützt aber keine Thread-lokale Variablen, so daß MuPAD nicht als multi-threaded Anwendung laufen kann.

Damit sich die Prozesse synchronisieren können, müssen Locks zur Verfügung stehen.

B.3.2 Verwendete Filenamen

Die parallele Version ist in den Files MMMstorage_seq.h und MMMstorage_seq.c implementiert.

Um die **MAMMUT**-Funktionen benutzen zu können, muß das File MMMstorage_seq.h eingebunden werden, während das File MMMstorage_seq.c compiliert werden muß.

B.3.3 Implementation als Makro

Da es im normalen C nicht möglich ist, eine Funktion inline zu setzen, d.h. diese Funktion ohne die Kosten eines Funktionsaufrufes ausführen zu lassen, sind einige Funktionen völlig, andere nur zum Teil als Makro definiert, da ein echter Funktionsaufruf das Laufzeitverhalten der Speicherverwaltung stark verschlechtert.

Leider gibt es bei der Verwendung von Makros einige Probleme, die den Benutzer der Speicherverwaltung verwirren können.

Das Problem liegt darin, daß Argumente einer Funktion unter Umständen mehrfach ausgewertet werden können, was zum einen zu Laufzeitverlusten, zum anderen aber auch zu echten Fehlern führen kann.

Ein Makro werde folgendermaßen definiert:
#define square(x) x*x ;
Führt man nun square(f(x)) aus, so wird dies vom Präprozessor zu f(x)*f(x) umgewandelt, so daß f zweimal ausgeführt wird. Muß f eine sehr aufwendige Berechnung durchführen, so verdoppelt dies die Laufzeit.

Noch schlimmer ist es allerdings, wenn f(x) seinen Wert von Aufruf zu Aufruf ändert. Der Befehl square(x++) wird z.B. zu x++*x++ expandiert. Dies liefert nun als Ergebnis nicht

[5] Die für diese Zwecke eingeführte VALUE_... und GLOBAL_...-Schnittstelle wird von MuPAD nicht eingehalten, weil diese Schnittstelle erst nach der Implementation von MuPAD aufgrund der bei der Implementation von MuPAD erhaltenen Erfahrungen eingeführt wurde.

mehr x^2 sondern x*(x+1) und x ist nach dieser Funktion um 2 erhöht.
Bei Verwendung von Funktionen als Argument für die Speicherverwaltung sollte also höchste Vorsicht geboten sein.

B.3.4 Implementation der S-Zeiger

In dieser Implementation ist ein S-Zeiger ein Zeiger auf eine Struktur vom Typ MMMSHeader. Dieser Header enthält die zusätzlichen Informationen wie die Signatur, den Typ, den Zustand des Locks und die Anzahl der Referenzen.
Desweiteren stehen in ihm die Anzahl der in seinem Point-Teil gespeicherten S-Zeiger, ein Zeiger auf einen Datenblock und die Größe desselben.
In diesem Datenblock ist zuerst der Point-Teil abgelegt und an diesen grenzt sofort der Mem-Teil (siehe Bild B.1).
Der Header ist in dieser Implementation folgendermaßen definiert:

```
typedef unsigned long ulong ;

/*******************************************************
** struct MMMSstatus                                  **
** Diese Datenstruktur wird als Teil eines S-Zeigers  **
** verwendet. Die Eintraege werden platzsparend in    **
** einem Bitfeld untergebracht.                       **
*******************************************************/
struct MMMSstatus
{
   ulong type : 12 ;  /*Typ des S-Zeigers*/
   ulong system : 1 ; /*Bit gesetzt folgt:Daten gehoeren
                       nicht zur Speicherverwaltung */
   ulong unmoveable : 1 ; /*Bit gesetzt folgt: Speicher
                          nicht verschiebbar*/
   ulong memtype : 1 ;    /*Speichertyp des Speichers*/
   ulong lock : 1 ;       /*Lock fuer den Header*/
} ;


/*******************************************************
** struct MMMSheader                                  **
** Jeder S-Zeiger zeigt auf solch eine Struktur. In   **
** ihr sind alle fuer einen S-Zeiger relevanten Daten **
** gespeichert.                                       **
*******************************************************/
struct MMMSheader
{
   struct MMMSheader **data ; /*Zum Header geh"orender
                               Speicherbereich */
   ulong signature ; /*Signatur dieses Headers*/
   ulong size ;      /*Gr"o\3e des Speicherbereiches
```

```
                        in S-Zeigern*/
   ulong count ;      /*Gr"o\3e des Point-Teils */
   ulong refs ;       /*Refernzz"ahler */
   struct MMMSstatus status ;  /*siehe MMMSstatus */
} ;

typedef struct MMMSheader *S_Pointer ;
```

Ein S-Zeiger zeigt also auf eine Struktur, die die Statusinformationen der Zelle sowie einen Zeiger auf einen Speicherbereich enthält, in dem der Point- und der Mem-Teil der Zelle gespeichert sind (siehe Bild B.1). In dieser Version sind also die Statusinformationen und der Inhalt einer Zelle voneinander getrennt. Dies wurde gemacht, damit der Inhalt einer Zelle verschoben werden kann, ohne daß dabei die S-Zeiger im Point-Teil der Zellen verändert werden müssen. Da alle Header die gleiche Größe haben, kann in dem Speicherbereich, in dem die Header gespeichert sind, kein Problem mit der Fragmentation des Speichers auftreten.

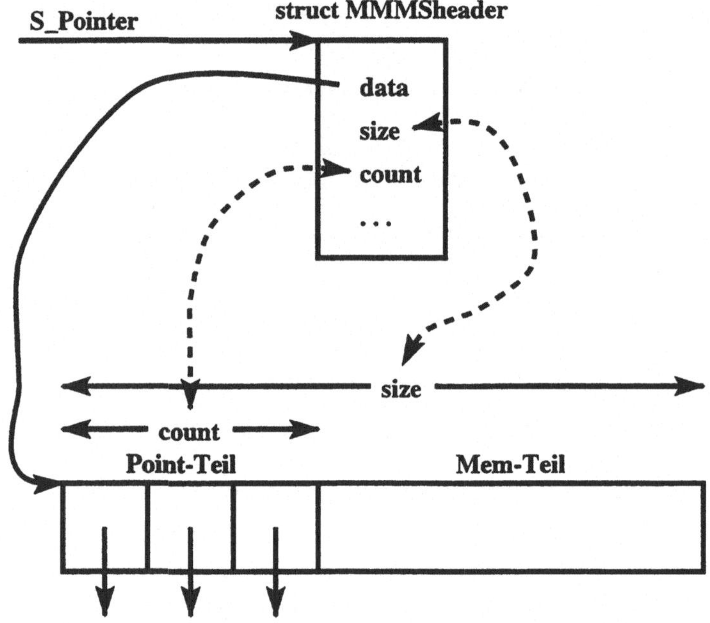

Abbildung B.1: Aufbau einer Zelle in der parallelen Version

B.3.5 Allokieren und Freigeben

Die Speicherverwaltung arbeitet mit zwei verschiedenen Verfahren zum Allokieren eines S-Zeigers.

Ist der Platz, den der Point-Teil und der Mem-Teil zusammen belegen, relativ klein, so wird der neue S-Zeiger aus einer Liste von S-Zeigern genommen, deren Point- und Mem-Teil zusammen gerade die gleiche Größe haben wie der Point- und Mem-Teil des angeforderten S-Zeigers.

Ist kein S-Zeiger mehr in dieser Liste vorhanden, so wird die Liste gleich um mehrere S-Zeiger vergrößert. Um wieviele S-Zeiger sie vergößert wird, hängt von dem File ab, das beim Aufruf von MMMinit() spezifiziert worden ist (siehe B.3.9).

Wird ein S-Zeiger freigegeben, so wird er in die Liste von S-Zeigern gehängt, deren Point- und Mem-Teil zusammen die gleiche Größe haben wie der Point- und Mem-Teil des freigegebenen S-Zeigers.

Überschreitet die Größe des Point-Teils zusammen mit dem Mem-Teil dagegen eine bestimmte Größe – auch diese wird in dem File festgelegt –, so wird im Prinzip keine Freiliste mehr benutzt, obwohl aus Konsistenzgründen doch eine spezielle Freiliste verwendet wird. Für alle Speicherbereiche, die eine bestimmte Größe überschreiten gibt es eine gemeinsame Freiliste, die immer leer ist. Wird eine entsprechend große Zelle angefordert, so wird diese Freiliste mit einer Zelle entsprechender Größe gefüllt. Allerdings wird diese Zelle sofort wieder aus der Freiliste entfernt.

Wird eine große Zelle freigegeben, so wird diese in die Freiliste der großen Zellen eingefügt, von dort aber sofort mit Hilfe der Funktion **MMMEfree** wieder an die unterliegende Speicherverwaltung zurückgegeben. Der im Vergleich zu kleinen Zellen relativ große Aufwand beim Allokieren und Freigeben von großen Zellen fällt bei der Gesamtlaufzeit kaum ins Gewicht, da das Initialisieren der großen Zellen ohnehin relativ lange dauert[6].

Zellen beliebiger Größe werden mit Hilfe der Funktion **void MMMHblock_fro_freelist-(S_Pointer *s, ulong i, size)** angefordert. Nach Aufruf der Funktion steht in ***s** der S-Zeiger, der die neue Zelle spezifiziert. Das Argument **size** gibt die Größe der benötigten Zelle an, und **i** gibt den dieser Größe entsprechenden Index an, der mit der Funktion **MMM-Hindex(long *index, *size)** berechnet werden kann. Nach dem Aufruf steht in ***index** der ***size** entsprechende Index.

Die Funktion **MMMHblock_fro_freelist** vergrößert automatisch die entsprechende Freiliste mit Hilfe der Funktion **MMMFenlarge_freelist(long i, size)**, falls diese leer ist.

B.3.6 Schnittstelle nach unten

Diese Implementation von **MAMMUT** benutzt folgende Funktionen, um Dienstleistungen von einer weiter unten angesiedelten Schicht anzufordern (diese Funktionen werden am Ende des Files MMMstorage_seq.h definiert):

char *MMMEmalloc(long n): Diese Funktion allokiert einen Speicherbereich, der mindestens n Bytes lang ist, im gemeinsamen Speicher. Im sequentiellen Fall wird dafür die Funktion malloc() verwendet. Im parallelen Fall wird eine solche Funktion selbst implementiert, indem mit Hilfe der Funktion mmap() ein Speicherbereich in den Speicher aller Prozesse gemapt wird und dieser Speicherbereich durch eine eigene Verwaltung vergeben wird.

void MMMEfree(char *p): Diese Funktion gibt den Speicherbereich, auf dessen Anfang p zeigt, frei.

void MMMEinit_lock(MMMTlock *l): Diese Funktion initialisiert das Lock, auf das l zeigt. *l ist ein Lock, das von der unterliegenden Ebene zur Verfügung gestellt wird.

void MMMElock(MMMTlock *l): Diese Funktion lockt das Lock, auf das l zeigt. Kann das Lock nicht gesetzt werden, so wird gewartet, bis dies möglich ist.

[6]Die zur Initialisierung benötigte Zeit steigt mindestens linear mit der Größe des Point- und Mem-Teils.

void MMMEunlock(MMMTlock *l): Diese Funktion setzt das Lock, auf das l zeigt, zurück. Dabei wird nicht überprüft, ob das Lock auch von diesem Prozeß gelockt wurde.

void MMMEkill(long pid): Diese Funktion beendet den Prozeß mit der Prozeßnummer pid.

long MMMEget_my_id(): Diese Funktion liefert die eigene Prozeß-ID ab.

void MMMEexit(long err): Diese Funktion beendet den Prozeß, wobei der Prozeß die Zahl err als Ergebnis liefert.

void MMMEsigblock(): Diese Funktion verhindert, daß ein bestimmtes Signal, das durch die Funktion MMMEwake_up() veschickt wird, an den Prozeß ausgeliefert wird.

void MMMEsigpause(): Diese Funktion legt den aufrufenden Prozeß schlafen. Er wird erst wieder wach, wenn er ein Signal erhält. Die Funktion sorgt gleichzeitig dafür, daß das Signal, das von MMMEwake_up() verschickt wird, wieder an den Prozeß ausgeliefert wird.

void MMMEwake_up(long pid): Diese Funktion schickt ein bestimmtes Signal, das Signal MMMDsleep_signal, an einen Prozeß und weckt diesen damit auf.

MMMTlock *MMMEinitlockspace(char *file): Diese Funktion legt einen Speicherbereich an, in dem Locks gespeichert sind. Diese Funktion wird benötigt, da nicht alle Rechner ein Lock mit Hilfe der Funktion MMMEmalloc() anfordern können.

MMMTlock *MMMEnewlock(): Diese Funktion liefert einen Zeiger auf ein neues Lock zurück.

B.3.7 Portierung der Speicherverwaltung

Die parallele Version ist nur für Architekturen mit gemeinsamen linearen Speicher entworfen und kann deshalb nur auf solche portiert werden. Für die Portierung muß folgendes durchgeführt werden.

1. Der Aufruf der Funktion mmap() in der Funktion **MMMfirst_init** muß entsprechend dem benutzten Betriebssystem angepaßt werden.

2. Der C-Lock-Typ MMMTlock muß in MMMstorage_seq.h an die Locks des verwendeten Betriebssystems angepaßt werden.

3. Falls Locks nur in einem bestimmten Bereich gespeichert werden können und deshalb nicht in einem mittels MMMEmalloc() angeforderten Bereich gespeichert werden können, muß folgendes durchgeführt werden:

   (a) Man setze das Definement MMMDLOCKSPACE am Anfang der Datei MMMstorage_seq.h[7].

   (b) Man definiere die Funktion MMMEinitlockspace() so, daß durch ihren Aufruf ein Bereich zum Allokieren von Locks zur Verfügung gestellt wird.

[7] Falls es keinen gesonderten Bereich für Locks gibt, sollte dieses Definement nicht gesetzt sein, da durch das Definement eine weitere Indirektionsstufe beim Zugriff auf Locks eingeführt wird.

(c) Man definiere die Funktionen MMMEnewlock() und MMMEfreelock(), so daß diese neue Locks aus dem gesonderten Bereich anfordern bzw. Locks freigeben.

Falls dagegen Locks in jedem beliebigen Bereich des Speichers liegen können, muß folgendes durchgeführt werden.

(a) Man setze das Definement MMMDLOCKSPACE am Anfang der Datei MMMstorage_seq.h nicht.

(b) Man setzte MMMEinitlockspace() auf eine Funktion, die lediglich NULL zurückliefert.

(c) Man definiere die Funktionen MMMEnewlock() und MMMEfreelock() mit Hilfe der Funktionen MMMEmalloc() und MMMEfree().

4. Die Datei MEX_extern.h muß so angepaßt werden, daß alle für obige Änderungen nötigen Header-Dateien vom Betriebssystem eingebunden werden.

B.3.8 Probleme mit Referenzzählern

In einer parallelen Version können verschiedene Prozesse gleichzeitig versuchen, den Referenzzähler eines S-Zeigers zu verändern. Dabei muß verhindert werden, daß

1. durch die gleichzeitige Veränderung eine der Änderungen verloren geht und

2. daß mehrere Prozesse versuchen, den gleichen S-Zeiger wirklich frei zu geben, d.h. den gleichen S-Zeiger in eine Freiliste zu hängen oder an das System zurückzugeben.

Das erste Problem tritt z.B. auf einem SUN oder einem SGI-Rechner auf, da dort keine atomaren Inkrement- und Dekrement-Befehel existieren. Deshalb müssen diese Veränderungen des Referenzzählers mit Hilfe von Locks der unterliegenden Schicht geschützt werden. Dabei ist es dann auch einfach, das zweite Problem zu umgehen. Allerdings sind Locks auf vielen Architekturen sehr langsam und setzen dadurch die Performance der Speicherverwaltung sehr stark herab.

Auf der Sequent Symmetry ist das Inkrementieren und Dekrementieren atomar, so daß das erste Problem nicht auftritt. Allerdings tritt auf diesem Rechner das zweite Problem auf, so daß auf einer Sequent Symmetrie das Dekrementieren und Auslesen eines Zähles durch ein Lock zu einer atomaren Aktion gemacht werden muß. Da auf diesem Rechner Locks allerdings relativ schnell sind, fällt dies nicht so stark ins Gewicht[8].

B.3.9 Das Initialisierungsfile

Der Funktion MMMinit() wird bei ihrem Aufruf der Name eines Files mitgegeben, aus dem Werte eingelesen werden, die die Einstellung einiger interner Werte regeln.

In dem File sind im Augenblick folgende Werte in folgender Reihenfolge gespeichert und haben folgende Bedeutung:

MMMVlockcount: Diese Variable gibt an, wieviele Locks bereitgestellt werden, um zu verhindern, daß mehrere Prozesse gleichzeitig auf kritische Daten zugreifen. Je kleiner

[8] Außerdem werden nur halb soviele Lock-Aufrufe wie auf der SUN und der SGI benötigt.

diese Zahl ist, desto größer ist die Wahrscheinlichkeit, daß sich 2 Prozesse ausschließen, obwohl dies nicht nötig wäre, und umso höher ist somit die Wahrscheinlichkeit, daß sich Prozesse unnötigerweise sequentialisieren.

In einer späteren Version wird dieser Wert sicherlich von der Speicherverwaltung automatisch gewählt werden, im Augenblick erscheint es allerdings sinnvoll, erst einmal Erfahrungen mit diesem Wert zu sammeln.

MMMVbagsize: Dieser Wert ist für die momentane Implementation bedeutungslos.

MMMVuseable_memory: Hat dieser Eintrag einen Wert ungleich 0, so beschränkt die Speicherverwaltung den Speicherplatz, der angefordert werden kann. Dies wird für die Lizensierung von MuPAD eingesetzt.

Headerinit: Dieser Wert gibt an, wieviele Header bei der Initialisierung der Speicherverwaltung erzeugt und in einer eigenen Freiliste gespeichert werden.

Headerenlarge: Dieser Wert gibt an, wieviele Header während der Laufzeit erzeugt werden, wenn keine mehr vorhanden sind.

Maxindex: Dieser Wert gibt an, ab welcher Größe für S-Zeiger keine eigene Hashlisten dieser Größe mehr zur Verfügung stehen.

Hier bedeutet dies, daß, wenn der Point-Teil und der Mem-Teil eines S-Zeigers zusammen mehr als 4*Maxindex Byte beanspruchen, dieser S-Zeiger in keiner Hashliste mehr gehalten wird.

Hashgrößen: Es folgen 2*Maxindex long-Werte. Hierbei gibt der 2*i-te Wert an, wieviele S-Zeiger die Hashliste mit dem Index i bei der Initialisierung bekommt. Der 2*i+1-te Wert bestimmt, um wieviele S-Zeiger eine Hashliste vergrößert wird, wenn sie bei einer Anforderung keine S-Zeiger mehr enthält.

Anzahl der Cluster: Das Computeralgebra System MuPAD besteht aus einer Menge von Clustern, die selbst wieder aus mehreren Prozessen bestehen können [62, 33]. Um die Initialisierung innerhalb von MuPAD etwas zu vereinfachen steht die Information, wieviele Cluster existieren sollen und wieviele Prozesse jeder Cluster enthalten soll, momentan noch im Initialisierungsfile für die parallele Speicherverwaltung. Dies wird sich in Zukunft ändern. Dieser Wert bestimmt, aus wievielen Clustern MuPAD bestehen soll.

Prozesse pro Cluster: Es folgt eine Liste von Zahlen, wobei die Anzahl der Zahlen der Anzahl der Cluster entspricht. Jede Zahl gibt an, aus wievielen Prozessen der entsprechende Cluster besteht.

B.4 Automatische Version

Die automatische Version, die in C++ implementiert ist und nur als sequentielle Version vorliegt, verläßt sich auf eine zugrundeliegende Speicherverwaltung, mit deren Hilfe Speicher allokiert werden kann. Um das Freigeben dieses Speichers kümmert sich **MAMMUT** nicht. Momentan können als zugrundeliegende Speicherverwaltung der POSSO-Kollektor und der Boehm-Weiser Kollektor benutzt werden. Der POSSO-Kollektor wird eingebunden, wenn das Definement MEXDMMMCMM existiert. Ansonsten wird automatisch der Boehm-Weiser Kollektor benutzt.

Um diese Implementation von **MAMMUT** zu parallelisieren, müssen hauptsächlich die unterliegenden Speicherverwaltungen parallelisiert werden. Dies kann mit Hilfe der in Abschnitt 2.13 beschriebenen Techniken durchgeführt werden.

B.4.1 Implementation der S-Zeiger

Eine **MAMMUT**-Zelle besteht in dieser Implementation aus einem durchgehenden Bereich, in dem zunächst ein Header gespeichert ist, der die Statusinformationen hält. Direkt nach dem Header folgt ein Speicherbereich, der den Point-Teil speichert und direkt im Anschluß ist der Mem-Teil gespeichert (siehe Bild B.2).

Der Header enthält ein Objekt der Klasse MMMTstatus, um einige Statusinformationen zu speichern. Auf die Elemente dieser Klasse kann nur mit Hilfe einer funktionalen Schnittstelle zugegriffen werden:

```
/////////////////////////////////////////////////////////////////////
// MMMTstatus                                                      //
// Jede MAMMUT-Zelle enth"alt Statusinformtionen, die in einer     //
// Instanz dieser Klasse gespeichert sind.                         //
/////////////////////////////////////////////////////////////////////
class MMMTstatus
{
   unsigned int type : 12 ;
   unsigned int system : 1 ;
   unsigned int unmoveable : 1 ;
   unsigned int locked : 1 ;
public:
   MMMTstatus(MMMulong typ, MMMulong sys =0, MMMulong unmv =0)
      { type = typ ; system = sys ; unmoveable = unmv ; locked = 0 ; } ;
   MMMulong getType()
      { return (MMMulong)type ; } ;
   void setType(MMMulong typ)
      { type = (unsigned int) typ ; } ;
   MMMulong getSystem()
      { return (MMMulong) system ; } ;
   void setSystem(MMMulong sys)
      { system = (unsigned int) sys ; };
   MMMulong getUnmoveable()
      { return (MMMulong) unmoveable ; } ;
   void setUnmoveable(MMMulong unmv)
      { unmoveable = (unsigned int) unmv ; };
   void lock()
      { };
   void unlock()
      { } ;
} ;
```

In einer Instanz der Klasse MMMTstatus ist der Typ eines S-Zeigers gespeichert. Zudem enthält eine solche Instanz die Information, ob es sich um einen Speicherbereich handelt, der dem System gehört, ob die Speicherzelle unverschiebbar ist und ob die Speicherzelle gelockt ist. Eine Zelle, die einen Speicherbereich enthält, der dem System gehört, hat einen leeren Point-Teil und einen Mem-Teil, der einen Zeiger auf den Speicherbereich des Systems enthält. Die Klasse MMMTheader selbst hat folgenden Aufbau:

```
////////////////////////////////////////////////////////////////////////
// MMMTheader                                                         //
// Jede MAMMUT-Zelle enth"alt in einem Header zus"atzliche            //
// Informationen. Dieser Header wird am Anfang der Zelle gespeichert, //
// die vom externen Collector angefordert wurde.                      //
////////////////////////////////////////////////////////////////////////
#ifdef MEXDMMMCMM
class MMMTheader : public GcVarObject
#else
class MMMTheader
#endif
{
   MMMulong signature ;
   MMMulong size ;
   MMMulong count ;
   MMMTstatus status ;
public:
   MMMTheader(MMMulong siz, MMMulong coun, MMMulong typ, MMMulong sys
                          =0, MMMulong unmv =0) : status(typ, sys, unmv)
      { size = siz ; count = coun ; } ;
#ifdef MEXDMMMCMM
   void traverse() ;
#endif
   MMMulong getSignature()
      { return signature ; } ;
   void setSignature(MMMulong sig)
      { signature = sig ; } ;
   MMMulong getSize()
      { return size ; } ;
   void setSize(MMMulong siz)
      { size = siz ; } ;
   MMMulong getCount()
      { return count ; } ;
   void setCount(MMMulong coun)
      { count = coun ; } ;
   MMMulong getType()
      {return status.getType() ; } ;
   void setType(MMMulong type)
      { status.setType(type) ; } ;
   MMMulong getSystem()
      { return status.getSystem() ; } ;
```

```
   void setSystem(MMMulong system)
      { status.setSystem(system) ; } ;
   MMMulong getUnmoveable()
      { return status.getUnmoveable() ; } ;
   void setUnmoveable(MMMulong unmv)
      { status.setUnmoveable(unmv) ; } ;
   void lock()
      { status.lock() ; } ;
   void unlock()
      { status.unlock() ; } ;
   void actualize( const MMMTheader& head )
      { signature = head.signature ; } ;
} ;

typedef MMMTheader* S_Pointer ;
```

In dieser Version hat ein S-Zeiger also einen Aufbau wie in Abbildung B.2.

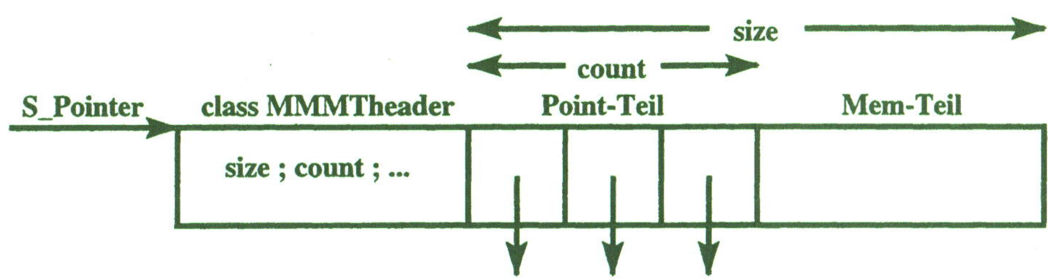

Abbildung B.2: Aufbau eines S-Zeigers in der automatischen Version

Die Methode `traverse()` muß bei Verwendung des CMM-Kollektors definiert werden, damit der Kollektor die Zeiger, die in einer Zelle gespeichert sind, findet. Die Funktion ist folgendermaßen definiert:

```
////////////////////////////////////////////////////////////////////////
// void MMMTheader::traverse()                                        //
// Dem Kollektor wird mitgeteilt, welche Zeiger verfolgt werden       //
// m"ussen.                                                           //
////////////////////////////////////////////////////////////////////////
#ifdef MEXDMMMCMM
void MMMTheader::traverse()
{
   S_Pointer *q= (S_Pointer *)(this+1) ;
   CmmHeap *heap = Cmm::heap;
   for ( MMMulong i = count ; i>0 ; i--, q++ )
      {
         heap->scavenge((GcObject **)q) ;
      }
}
#endif
```

Der Point-Teil des S-Zeigers beginnt direkt hinter dem Header der Zelle. In der Funktion `MMMTheader::traverse` wird also q zunächst auf den Beginn des Speicherbereichs gesetzt, in dem zuerst der Point-Teil und danach der Mem-Teil gespeichert sind. Danach durchläuft q den gesamten Point-Teil und teilt der unterliegenden Speicherverwaltung mit, daß die S-Zeiger im Point-Teil weiterverfolgt werden müssen. Bei Verwendung des Boehm-Weiser Kollektors braucht eine entsprechende Funktion nicht mit angegeben zu werden, da der Boehm-Weiser Kollektor vollständig konservativ arbeitet. D.h. er durchsucht den gesamten Speicherbereich der Zelle, einschließlich des Headers und des Mem-Teils nach Werten, die Zeiger sein könnten und betrachtet alle Zellen als lebendig, in die ein solcher potentieller Zeiger zeigt.

B.4.2 Allokation von S-Zeigern

Um die Laufzeit des Kollektors zu optimieren, enthält der Boehm-Weiser Kollektor die Möglichkeit, Speicherbereiche anzufordern, die garantiert keine Zeiger enthalten und deshalb auch nicht durchsucht werden müssen. Die Funktion **MMMmalloc** ist folgendermaßen definiert:

```
inline
S_Pointer MMMmalloc(MMMulong Memtyp, MMMulong type, MMMulong size,
                                                     MMMulong count)
{
#ifdef MEXDMMMCMM
   // POSSO-Kollektor

   MMMulong rsize = MMMadjustSize(size) + count*sizeof(S_Pointer) ;
   S_Pointer s = new(rsize) MMMTheader(size, count, type) ;

   return s ;
#else
   // Boehm-Weiser Kollektor

   MMMulong rsize = MMMadjustSize(size) + count*sizeof(S_Pointer) +
                                                 sizeof(MMMTheader);

   S_Pointer s ;
   if ( count == 0 )
      {
         s = GC_malloc_atomic( rsize ) ;
      }
    else
      {
         s = GC_malloc_ignore_off_page( rsize ) ;
      }
   s->MMMTheader(size, count, type) ;

   return s ;
#endif
}
```

Die Funktion `MMMadjustSize` ermöglicht dabei eine Anpassung der Größe auf einbestimmtes Vielfaches, ist momentan aber lediglich die identische Funktion.

Wird der POSSO-Kollektor verwendet, so wird der `new`-Operator benutzt. Dieser Operator wurde in der Klasse `GCVarObject` des POSSO-Kollektors entsprechend definiert.

Die Funktion `GC_malloc_atomic` des Boehm-Weiser Kollektors fordert einen Speicherbereich an, in dem keine Zeiger gespeichert werden dürfen. Da diese Funktion nur verwendet wird, wenn der Point-Teil leer ist, ist dies gesichert.

Die Funktion `GC_malloc_ignore_off` des Boehm-Weiser Kollektors fordert einen Speicherbereich an und erlaubt dem zugrundeliegenden Kollektor, diesen Speicherbereich als Garbage anzusehen, sobald kein Zeiger mehr auf den Anfang des Speicherbereichs verweist[9].

B.4.3 Kopieren und Freigeben von S-Zeigern

Da die unterliegenden Speicherverwaltungen bestimmen, welche Speicherbereiche noch benötigt werden, ohne dazu einen Referenzzähler zu verwenden, werden die Funktionen **MMMcopy** und **MMMfree** als leere Funktionen implementiert. Die Funktionen **MMMset** und **MMMreplace** werden als einfache Zuweisungen implementiert.

B.4.4 Verändern von S-Zeigern

Soll der Inhalt eines S-Zeigers verändert werden, ohne daß dadurch ein Referenzeffekt entsteht, so muß **MAMMUT** diese bevorstehende Änderung mit Hilfe der Funktion **MMMchange** mitgeteilt werden. Allerdings hat **MAMMUT** nun keine Informationen mehr darüber, von wievielen Stellen aus die Zelle benötigt wird, und die Funktion **MMMchange** muß die Zelle deshalb immer kopieren.

Dies kann sehr ineffizient sein, wenn die Funktion **MMMchange** an vielen Stellen nur aus Vorsicht aufgerufen wird, bzw. wenn es viele Stellen gibt, an denen der S-Zeiger wirklich nur von einer Stelle aus benötigt wird. Ob sich dies innerhalb des MuPAD-Kerns negativ auswirkt, muß noch untersucht werden.

B.4.5 Zugriff auf S-Zeiger

Der Point-Teil einer Zelle beginnt direkt hinter dem Header. Außerdem können keine Probleme mit Zellen, die mit Hilfe von **MMMforce_data** angefordert wurden, auftreten, da solche Zellen keinen Point-Teil haben. Deshalb ist die Funktion **MMMP** sehr einfach zu definieren:

```
inline
S_Pointer *MMMP(S_Pointer *s, MMMulong i, MMMulong use)
{
   S_Pointer *p = (S_Pointer *)((*s)+1) ;
   return p+i ;
}
```

Die Funktionen wie `MMMZ` müssen beim Zugriff auf den Mem-Teil noch berücksichtigen, daß bei einer Zelle, die mit der Funktion **MMMforce_data** angefordert wurde, der Mem-Teil nicht

[9] Der Speicherbereich wird vom Boehm-Weier Kollektor als Garbage angesehen, sobald kein Zeiger in die ersten 256 Byte des Bereichs verweist.

direkt hinter dem Header liegt, sondern daß dort nur ein Zeiger auf den Mem-Teil gespeichert ist. Deshalb wird von diesen Funktionen folgende Funktion verwendet:

```
inline
char *MMMgetMemAdr(S_Pointer s, MMMulong mv)
{
   S_Pointer *q = (S_Pointer *)(s+1) ;
   char *p ;
   if ( s->getSystem() )
      {
         p = *(char **)q ;
      }
    else
      {
         p = (char *)(q+s->getCount()) ;
      }
   return p+mv ;
}
```

Mit Hilfe dieser Funktion sind die Funktionen wie **MMMZ** einfach zu definieren:

```
#define MMMZ(s,T,use) \
          ((T *)MMMgetMemAdr(*s, 0))

#define MMMarr(s,i,T,use) \
          ((T *)MMMgetMemAdr(*s, (i)*sizeof(T)))

#define MMMmv(s,mv,T,use) \
          ((T *)MMMgetMemAdr(*s, (mv)))

#define MMMmvarr(s,mv,i,T,use) \
          ((T *)MMMgetMemAdr(*s, (mv) + (i)*sizeof(T)))
```

B.4.6 Unverschiebbare Zellen

MAMMUT bietet die Funktion **MMMunmoveable** an, um festzulegen, daß Zellen nicht verschoben werden können. Da vom Boehm-Weiser Kollektor keine Zellen verschoben werden, verschiebt dieser Kollektor insbesondere auch nicht die Zellen, die als unverschiebbar gekennzeichnet sind. Die Spezifikation der **MAMMUT**-Schnittstelle wird also automatisch erfüllt.

Bei Verwendung des POSSO Mostly-copying Kollektors allerdings muß dafür Sorge getragen werden, daß die als unverschiebbar gekennzeichneten Zellen nicht verschoben werden. Da Zellen, auf die vom Root Set gezeigt wird, nicht verschoben werden, ist eine einfache Lösung, für jede nicht verschiebbare Zelle einen Zeiger auf diese Zelle in das Root Set zu schreiben. Dies kann z.B. gemacht werden, indem ein globales Array angelegt wird, in dem Zeiger auf diese Zellen gespeichert sind. Ein Problem, das nicht so einfach zu lösen scheint, ist dabei, daß die Größe dieses Arrays statisch begrenzt ist und deshalb nur eine begrenzte Anzahl von Zellen als unverschiebbar gekennzeichnet werden können. Durch Eingriff in die Implementation des POSSO Kollektors wird dieses Problem aber auch anders lösbar sein.

B.4.7 Generational Garbage Kollektoren

Sowohl der Boehm-Weiser als auch der POSSO-Kollektor bieten die Möglichkeit an, daß der Kollektor mit Generationen arbeitet (siehe Abschnitt 2.11). Damit ein Kollektor mit Generationen arbeiten kann, müssen für ihn die Zeiger von den älten Generationen in die jüngeren Generationen erkennbar sein, um diese Zeiger in das Root Set aufnehmen zu können.

Ohne weitere Unterstützung können diese Zeiger nur erkannt werden, indem die alte Generation durchsucht wird. Dadurch wird im Wesentlichen nur das Kopieren der Zellen der alten Generation erspart.

Mit Hardware-Unterstützung ist es auch möglich, alle Hardware-Seiten, in denen Zellen der alten Generation gespeichert sind, vor dem Beschreiben zu schützen. Will ein Mutator den Inhalt einer alten Zelle ändern, so wird dadurch ein Seitenfehler ausgelöst, der vom Kollektor aufgefangen werden kann. Die Seite wird vom Kollektor beschreibbar gemacht und in einer Datenstruktur wird vermerkt, daß diese Hardware-Seite nach Zeigern in die junge Generation durchsucht werden muß.

Da bei der **MAMMUT**-Schnittstelle ein Zeiger in eine Zelle nur durch Aufruf einer **MAMMUT**-Funktion erzeugt werden kann, hat eine Implementation von **MAMMUT** die Möglichkeit, der unterliegenden Speicherverwaltung mitzuteilen[10], welche S-Zeiger möglicherweise verändert werden[11], ohne daß dafür Hardware-Unterstützung nötig ist.

Zu beachten ist allerdings, daß folgendes auftreten kann:

Ein Mutator erzeugt sich einen Zeiger in den Point-Teil eines S-Zeiger s mit Hilfe der Funktion **MMMP**, speichert diesen Zeiger in der Variablen p und verändert möglicherweise den Point-Teil. Beim Aufruf der Funktion **MMMP** teilt **MAMMUT** der unterliegenden Speicherverwaltung mit, daß der Point-Teil von s bei der nächsten Collection möglicherweise neue Zeiger in jüngere Generationen enthält. Dies wird bei der nächsten Collection von der unterliegenden Speicherverwaltung auch berücksicht. Aber auch nach der Collection hat der Mutator den Zeiger in den Point-Teil in p gespeichert und kann deshalb weiterhin neue Zeiger zwischen den Generationen im Point-Teil von s erzeugen. Bei der nächsten Collection kann der unterliegende Kollektor also nicht davon ausgehen, daß er alle Zeiger zwischen den Generationen in dieser Zelle bereits kennt.

Eine Möglichkeit, dieses Problem zu umgehen, ist, daß der Kollektor immer alle S-Zeiger auf neue Zeiger zwischen den Generationen untersucht, auf die jemals die Funktion **MMMP** angewandt worden ist, während sie in der alten Generation gespeichert waren. Dies wird aber dazu führen, daß irgendwann doch alle Zellen durchsucht werden müssen.

Allerdings kann der Kollektor beim Durchsuchen des Stacks zum Auffinden des Root Sets überprüfen, ob es möglicherweise noch Zeiger in Zellen gibt, auf die die Funktion **MMMP** angewandt wurde. Nur Zellen, auf die möglicherweise noch ein Zeiger existiert, müssen auch bei der nächsten Collection durchsucht werden.

B.5 Verteilte Version

Momentan existiert noch keine verteilte Version von **MAMMUT**, in der nächsten Zeit soll allerdings innerhalb des SFB 376 an der Universität-Gesamthochschule Paderborn eine ver-

[10] Die momentan verwendeten Kollektoren bieten eine solche Schnittstelle nicht an.

[11] Da nur im Point-Teil Zeiger auf andere Zellen gespeichert werden dürfen, braucht nur die Funktion MMMP entsprechende Mitteilungen zu machen.

teilte Version basierend auf dem Basisdienst DIVA [81] für gemeinsame globale Variablen in einem verteilten System entstehen. Im folgenden wird eine mögliche Implementation dieser verteilten Version skizziert.

B.5.1 Zugrundeliegende Funktionalität

Die Schnittstelle von DIVA besteht im wesentlichen aus folgenden Funktionen:
int diva_create(diva_var *var, int size, int home)
int diva_free(diva_var var)
zum Anfordern und löschen von gemeinsamen Variablen und:
int diva_write(diva_var var, void *buffer)
int diva_read(diva_var var, void *buffer)
zum Lesen und Schreiben von gemeinsamen Variablen.

Die Funktion **diva_create** erzeugt eine globale Variable der größe **size** Bytes, die auf dem durch **home** spezifizierten Rechner gespeichert wird. Nach Aufruf der Funktion enthält ***var** einen Identifikator für die angelegte globale Variable. Die Variable kann mit Hilfe der Funktion **diva_free** wieder gelöscht werden.

Die Funktion **diva_write** schreibt den Speicherbereich, auf den **buffer** zeigt, in die durch **var** spezifizierte Variable. Die Funktion **diva_read** kopiert den Inhalt der durch **var** spezifizierten globalen Variablen in den durch **buffer** spezifizierten Puffer.

Es gibt noch ein paar weitere Funktionen zum nicht-blockierenden Schreiben und Lesen und zum Synchronisieren, die an dieser Stelle aber nicht beschrieben werden sollen.

Es gibt keine Funktionalität, mit der die noch lebendigen gemeinsamen Variablen identifiziert und die nicht mehr lebendigen gemeinsamen Variablen gelöscht werden können. Dies muß deshalb von **MAMMUT** übernommen werden.

B.5.2 Implementation von S-Zeigern

Eine einfache Möglichkeit, den Typ `S_Pointer` zu definieren, ist, einen S-Zeiger mit dem Identifikator einer einer gemeinsamen Variablen zu identifizieren, also:

```
typedef diva_var S_Pointer ;
```

Bei einem Zugriff auf den Inhalt eines S-Zeiger kann es sein, daß der Inhalt des S-Zeigers bereits importiert worden ist und deshalb nicht mehr geladen werden muß. Durch die oben definierte Repräsentation speichert ein S-Zeiger allerdings keine Informationen darüber, ob sein Inhalt auf dem Rechner bereits vorliegt oder nicht. Diese Information muß deshalb in einer Datenstruktur auf dem Rechner gehalten werden, und diese muß bei jedem Zugriff auf den S-Zeiger durchsucht werden, was sehr aufwendig sein kann, wenn viele S-Zeiger gleichzeitig aktiv sind.

Eine weitere Möglichkeit der Repräsentation eines S-Zeigers, die obiges Problem umgeht, ist:

```
typedef struct
   {
      diva_var id ;
      Info *info ;
   }
S_Pointer ;
```

Dabei ist info ein Zeiger auf eine Datenstruktur, in der weitere Informationen über den S-Zeiger lokal gespeichert sind. Hat info den Wert NULL, so ist dieser Zeiger inaktiv und weiß nichts über eine möglicherweise vorliegende lokale Kopie der entsprechenden Zelle. Hat info dagegen einen Wert ungleich NULL, so ist dieser S-Zeiger aktiv, und info verweist auf eine Struktur, in der weitere Informationen über die lokal vorliegende Kopie des S-Zeigers gespeichert sind. Diese weiteren Informationen enthalten z.B. Angaben über den Speicherbereich, in dem der Point- und der Mem-Teil abgelegt sind. Es wird aber auch gespeichert, wieviele S-Zeiger auf diesem Rechner aktiv sind und auf diese Zelle verweisen. Außerdem wird gespeichert, ob die Zelle lediglich lesend oder auch schreibend aktiv ist. Auch für jeden aktiven S-Zeiger muß entschieden werden können, ob er lesend oder schreibend aktiv ist. Man kann dies machen, indem man zum einen alle schreibend aktiven S-Zeiger in einer Datenstruktur speichert, die in der Datenstruktur enthalten ist, auf die die info-Komponente zeigt. Zum anderen kann man dies speichern, indem zur Repräsentation eines S-Zeigers eine weitere Komponente hinzufügt:

```
typedef struct
   {
      diva_var id ;
      Info *info ;
      Boolean write_acitv ;
   }
S_Pointer ;
```

Das Hinzufügen der neuen Komponente braucht dabei nur konzeptionell zu geschehen — diese Komponente kann in einer der anderen Komponenten versteckt werden.

Die letzten beiden Lösungen haben den Nachteil, daß sich die Größe von S-Zeigern verdoppelt. Außerdem sind der in info gespeicherte Zeiger und die Komponent write_activ nur auf einem Rechner lokal sinnvoll — sobald der S-Zeiger nur im Point-Teil eines S-Zeigers steht, geht die Lokalität dieser Information allerdings verloren.

Es scheint deshalb sinnvoll, einen S-Zeiger als eine Kombination dieser beiden Datentypen darzustellen. In den gemeinsamen Variablen wird ein S-Zeiger lediglich durch den Identifikator einer gemeinsamen Variablen beschrieben. Sobald der Inhalt der gemeinsamen Variablen allerdings in den lokalen Speicher eines Rechners geladen wird, um auf den Inhalt zuzugreifen, sollte den Identifikatoren ein Zeiger hinzugefügt werden, der lokale Informationen des S-Zeigers speichern kann, sowie eine Information, ob der S-Zeiger lesend oder schreibend aktiv ist.

B.5.3 Anforderung und Freigabe von S-Zeigern

Es scheint nicht sinnvoll zu sein, wie in der parallelen Version eigene Freilisten von gemeinsamen Variablen gleicher Größe zu halten, solange nicht das Anlegen sondern der Zugriff auf eine gemeinsame Variable der dominierende Faktor ist. Sowohl das Allokieren als auch die Freigabe von Variablen kann also sehr einfach durchgeführt werden.

Eine der kritischen Aufgaben allerdings wird die Identifikation der nicht mehr benötigten gemeinsamen Variablen sein — also die Implementation der Garbage Collection. Zum einen könnte versucht werden, den Mark-Sweep Kollektor von Boehm-Weiser anzupassen, zum anderen kann ein Referenzzählalgorithmus benutzt werden. Allerdings sollte auf jeden Fall verhindert werden, daß für jedes Erhöhen und Erniedrigen des Referenzzählers eine Nachricht versandt wird.

B.5.4 Zugriff auf S-Zeiger

Bei einem Zugriff auf den Inhalt eines S-Zeigers wird zunächst überprüft, ob die info-Komponente ungleich NULL ist. Ist dies der Fall, so zeigt diese Komponente auf eine Struktur, in der weitere Informationen über den S-Zeiger stehen. Insbesondere wird dort eine Information zu finden sein, die darüber Auskunft gibt, wo der Point- und der Mem-Teil lokal gespeichert sind.

Ist die info-Komponente gleich NULL, so ist dieser Zeiger noch inaktiv. Wenn kein S-Zeiger auf diese Zelle auf diesem Rechner aktiv ist, liegt keine lokale Kopie dieser Zelle vor und sie muß mit Hilfe der Funktion **diva_read** gelesen werden. Da die S-Zeiger im Point-Teil keine info-Komponenten enthalten, müssen diese auf dem Rechner lokal dazugefügt werden. Außerdem muß in einer Datenstruktur gespeichert werden, daß diese Zelle nun lokal vorliegt.

Um beim Zugriff über einen inaktiven S-Zeiger zu entscheiden, ob es andere aktive S-Zeiger auf diese Zelle auf diesem Rechner gibt, wird diese Datenstruktur nach der entsprechenden Zelle durchsucht. Wird die Zelle in der Datenstruktur gefunden, ist sie lokal gespeichert und der Zugriff kann einfach durchgeführt werden.

B.5.5 Inaktivieren von S-Zeigern

Solange ein S-Zeiger auf eine Zelle auf einem Rechner aktiv ist, muß diese Zelle auf dem Rechner lokal gespeichert bleiben, da C-Zeiger in den Point- oder Mem-Teil existieren können, die durch ein Ausladen der Zelle ungültig und dadurch Fehler erzeugen würden[12].

Damit eine Zelle überhaupt irgendwann von einem Rechner wieder entfernt werden kann, ist es deshalb wichtig mitzuzählen, wieviele S-Zeiger auf eine Zelle derzeit aktiv sind. Dies kann z.B. im info-Knoten, auf den aktive S-Zeiger verweisen, gespeichert sein. Wird der letzte aktive S-Zeiger auf eine Zelle inaktiviert, so kann die lokale Kopie der Zelle gelöscht werden, wenn alle S-Zeiger auf die Zelle nur lesend aktiv waren. War einer der S-Zeiger auf die Zelle dagegen schreibend aktiv, so muß der lokal gespeicherte Inhalt mit der Funktion **diva_write** in die gemeinsame Variable, in der die Zelle gespeichert ist, geschrieben werden.

B.5.6 Test auf Gleichheit

Auf einem lokalen Rechner werden S-Zeiger abhängig davon, ob und in welcher Form sie aktiv sind, unterschiedlich gespeichert. Deshalb darf die Funktion **MMMequal** nur mit Hilfe der Identifikatoren der gemeinsamen Variablen vergleichen.

B.6 Implemenation gemeinsamer Variablen

Als Erweiterung der normalen **MAMMUT**-Schnittstelle werden die Funktionen SHARED_..., GLOBAL_... und VALUE_... angeboten (siehe Abschnitt 3.10.1 auf Seite 44).

[12] Wird bei der Untersuchung des Root Sets festgestellt, daß es auf jeden Fall keinen Zeiger mehr in den Mem- bzw. Point-Teil eines S-Zeiger gibt, so kann dieser Mem- bzw. Point-Teil aus dem lokalen Speicher gelöscht werden. Sollte der lokale Speicher knapp werden, so kann dies sinnvoll sein.

In einer sequentiellen Version ist diese Schnittstelle sehr einfach zu implementieren, da zur Implementation all dieser Variablentypen normale globale Variablen benutzt werden können.

Wird ein paralleles **MAMMUT** mit Hilfe von Multi-Threading implementiert, dann besteht die Schwierigkeit darin, Thread-lokale Variablen zu definieren, d.h. die Probleme liegen bei der Implementation der GLOBAL_...- und der VALUE_...-Schnittstelle. In einem solchen Fall kann eine Variable, die durch den Befehl GLOBAL_DECL(T, a) bzw. VALUE_DECL(T, a) deklariert worden ist, durch eine Variable des C-Typs T *a realisiert werden. Die Funktion GLOBAL_INIT(T, a) bzw. VALUE_INIT(T, a) erzeugt dann dynamisch ein Array mit Einträgen vom Typ T, das für jeden Thread, der später von **MMMinit** erzeugt werden wird, einen Eintrag hat. Der Zugriff eines Threads auf diese Variable a wird durch einen indizierten Zugriff auf das Array realisiert, wobei als Index die Thread-id des jeweiligen Threads benutzt wird.

Wird ein paralleles **MAMMUT** mit Hilfe von Prozessen erzeugt[13], so sind die Prozeß-lokalen globalen Variablen kein Problem — sie können durch globale Variable repräsentiert werden. Dagegen ist die Implementation der gemeinsamen globalen Variablen, auf die mit der SHARED_...-Schnittstelle zugegriffen werden kann, das Problem. Falls es einen gemeinsamen Speicherbereich gibt, in dem Speicher angefordert werden kann, ist es möglich, diese Schnittstelle zu implementiert, indem durch den Befehl SHARED_DECL(T, a) eine Variable des Typs T *a deklariert wird. Die Funktion SHARED_INIT(T, a) allokiert einen Speicherbereich der Größe sizeof(T) im gemeinsamen Speicher und läßt a auf diesen Speicherbereich zeigen. Der Zugriff auf den Inhalt der Variablen wird durch Dereferenzieren von a erreicht.

Steht keine Funktion zur Allokation von gemeinsamen Speicherbereichen zur Verfügung, sondern eine Funktion, um gemeinsame Variablen zu erzeugen, wie dies z.B. bei der DIVA-Schnittstelle der Fall ist, so ist es möglich, eine Deklaration der Form SHARED_DECL(T, a) durch eine Deklaration der Form diva_var a1 ; T a2 ; zu ersetzen, wobei die Namenserweiterungen von a so gewählt werden sollten, daß keine Namenskonflikte auftreten können. Die Funktion SHARED_INIT(T, a) erzeugt eine gemeinsame globale Variable und speichert den erhaltenen Identifikator in a1. Ein lesender Zugriff auf den Inhalt von a geschieht, indem der Inhalt der durch den in a1 gespeicherten Identifikator nach &a2 geschrieben und von dort ausgelesen wird. Eine Zuweisung wird implementiert, indem der Wert in a2 gespeichert wird und dann der Wert in die gemeinsame globale Variable gespeichert wird, die durch den in a1 enthaltenen Identifikator beschrieben wird.

[13] die in der Regel mit fork erzeugt werden

Literaturverzeichnis

[1] The java language specification (version 1.0 beta). White paper, Sun Microsystems, 2550 Garcia Avenue, CA 94043 U.S.A., October 1995.

[2] S.E. Abdullahi, E.E. Miranda, and G.A. Ringwood. Collection schemes for distributed garbage. In Y. Bekkers and J. Cohen, editors, *Memory Management*, volume 637 of *Lecture Notes in Computer Science*, pages 43–81. Springer-Verlag, 1992.

[3] D. A. Abramson and J. L. Keedy. Implementing a large virtual memory in a distributed computing system. In *Proc. of the 18th Annual Hawaii International Conf. on System Sciences 1985*, 1985.

[4] Gul A. Agha. *Actors: A Model of Concurrent Computation in Distributed Systems*. The MIT Press series in artificial intelligence. MIT Press, 1986.

[5] Andrew W. Appel. Garbage collection can be faster than stack allocation. *Infromation Processing Letters*, 25(4):275–279, June 1987.

[6] Andrew W. Appel. Runtime tags aren't necessary. *Lisp and Symbolic Computation*, 2:153–162, 1989.

[7] Andrew W. Appel. *Compiling with Continuations*. Cambridge University Press, 1992.

[8] A.W. Appel, J.R. Ellis, and K. Li. Real-time concurrent collection on stock multiprocessors. *SIGPLAN Notices (Proc. of the SIGPLAN '88 Conference on Programming Language Design and Implementation*, 23(7):11–20, July 1988.

[9] Lex Augusteijn. Garbage collection in a distributed environment. In *PARLE: Parallel Architectures and Languages Europe*, volume 259 of *Lecture Notes in Computer Science*, pages 75–93. Springer-Verlag, 1987.

[10] Henry G. Baker. List processing in real time on a serial computer. *Communications of the ACM*, 21(4):280–294, April 1978.

[11] Henry G. Baker. Nreversal of fortune — the thermodynamics of garbage collection. In Y. Bekkers and J. Cohen, editors, *Memory Management*, volume 637 of *Lecture Notes in Computer Science*, pages 507–524. Springer-Verlag, 1992.

[12] Henry G. Baker, editor. *Memory Management*, volume 986 of *Lecture Notes in Computer Notes*. Springer-Verlag, 1995.

[13] Joel F. Bartlett. Compacting garbage collection with ambigious roots. Technical Report 88/2, DEC Western Research Laboratory, Palo Alto, CA, February 1988.

[14] Joel F. Bartlett. Mostly-copying garbage collection picks up generations and C++. Technical Report TN-12, DEC Western Research Laboratory, Palo Alto, CA, 1989.

[15] Y. Bekkers and J. Cohen, editors. *Memory Management*, volume 637 of *Lecture Notes in Computer Notes*. Springer-Verlag, 1992.

[16] Y. Bekkers, O. Ridoux, and L. Ungaro. Dynamic memory management for sequential logic programming languages. In Y. Bekkers and J. Cohen, editors, *Memory Management*, volume 637 of *Lecture Notes in Computer Science*, pages 82–102. Springer-Verlag, 1992.

[17] D.I. Bevan. Distributed garbage collection using reference counting. In *PARLE: Parallel Architectures and Languages Europe*, volume 259 of *Lecture Notes in Computer Science*, pages 176–187. Springer-Verlag, 1987.

[18] A. Birrel, D. Evers, G. Nelson, S. Owicki, and T. Wobber. Distributed garbage collection for network objects. Technical Report 116, Digital Equipment Corporation Systems Research Center, Palo Alto, CA, December 1993.

[19] H.-J. Boehm and M. Weiser. Garbage collection in an uncooperative environment. *Software, Practice and Experience*, 18(8):807–820, September 1988.

[20] Lothar Borrmann and Petro Istavrinos. Store coherency in a parallel distributed-memory machine. In *Second European Distributed Memory Conference (EDMCC2)*, April 1991.

[21] C.J. Cheney. A nonrecursive list compacting algorithm. *Communications of the ACM*, 13(11):677–678, November 1970.

[22] George E. Collings. A method for overlapping and erasure of lists. *Communications of the ACM*, 2(12):655–657, December 1960.

[23] H. Corporaal. Distributed heapmanagement using reference weights. In Arndt Bode, editor, *Distributed Memory Computing*, volume 487 of *Lecture Notes in Computer Science*, pages 325–336. Springer-Verlag, 1991.

[24] Robert Courts. Improving locality of reference in a garbage-collection memory management. In *Communication of the ACM*, volume 31, pages 1128–1138, September 1988.

[25] J. Crammond. A garbage collection algorithm for shared memory parallel processors. *Int. Journal of Parallel Programming*, 17(6):497–522, 1988.

[26] A. Demers, M. Weiser, B. Hayes, D. Bobrow, and S. Shenker. Combining generational and conservative garbage collection: Framework and implementation. *on. Record of the Seventeenth Annual ACM Symposium on Principles of Programming Languages*, pages 261–269, January 1990.

[27] John DeTreville. Experience with concurrent garbage collectors for Modula-2+. Technical Report 64, DEC Systems Research Center, November 1990.

[28] L. Peter Deutsch and Daniel G. Bobrow. An efficient, incremental, automatic garbage collector. *Communications of the ACM*, 19(9):522–526, September 1976.

[29] Peter Dickman. Optimising weighted reference counts for scalable fault-tolerant distributed object-support systems. In *submitted for HICSS*, June 1992.

[30] D.W. Dijkstra, L. Lamport, A.J. Martin, C.S. Scholten, and E.F.M. Steffens. On-the-fly garbage collection: An exercise in cooperation. *Communications of the ACM*, 21(11):966–975, November 1978.

[31] K. Appleby et. al. Garbage collection for prolog based on wam. *Comm. of ACM*, 31(6):719–741, 1988.

[32] R.R. Fenichel and J.C. Yochelson. A lisp garbage-collector for virtual-memory computer systems. *Communications of the ACM*, 12(11):611–612, November 1969.

[33] Benno Fuchssteiner, Klaus Drescher, Andreas Kemper, Oliver Kluge, Karsten Morisse, Holger Naundorf, Gudrun Oevel, Frank Postel, Thorsten Schulze, Gerald Siek, Anreas Sorgatz, Waldemar Wiwianka, and Paul Zimmermann. *MuPAD User's Manual*. Wiley, 1996.

[34] Benjamin Goldberg. Tag-free garbage collection for strongly-typed programming languages. *SIGPLAN Symposium on Programming Language Design and Implementation*, pages 165–176, June 1991.

[35] Richard Greenblatt. The lisp machine. In D.R. Barstow, H.E. Shrobe, and E. Sandewall, editors, *Interactive Programming Environments*. McGraw Hill, 1984.

[36] Corporal H, T. Velman, and A.J. van de Goor. An efficient, reference weightbased garbage collection method for distributed systems. In *Proc. of the PARBASE-90 Conference*, pages 463–465. IEEE, 1990.

[37] R. Halstead. Implementation of multilisp: Lisp on a multiprocessor. In *Proc. ACM symp. LISP and Functional Programming*, pages 9–17, 1984.

[38] David R. Hanson. A portable storage management system for the icon programming language. *Software—Practice and Experience*, 10:489–500, 1980.

[39] Barry Hayes. Using key object opportunism to collect old objects. In *ACM SIGPLAN 1991 Conference on Object Oriented Programming Systems, Languages and Applications(OOPSLA '91)*, pages 33–46. ACM Press, October 1991.

[40] Barry Hayes. Finalization in the collector interface. In Y. Bekkers and J. Cohen, editors, *Memory Management*, volume 637 of *Lecture Notes in Computer Science*, pages 277–298. Springer-Verlag, 1992.

[41] A.L. Hosking, J.E.B. Moss, and D. Stepfanović. A comparative performance evaluation of write barrier implementations. In *ACM SIGPLAN 1992 Conference on Object Oriented Programming Systems, Languages and Applications (OOPSLA '92)*, pages 92–109, October 1992.

[42] Meichun Hsu and Va-On Tam. Transaction synchronization in distributed shared virtual memory systems. Technical Report TR-05-89, Harvard University, Center for Research in Computing Technology, 1989.

[43] John Hughes. A distributed garbage collection algorithm. In P. Jouannaud, editor, *ACM Conference on Functional Programming Languages and Computer Architecture*, volume 201 of *Lecture Notes in Computer Science*, pages 256–272. Springer-Verlag, 1985.

[44] R. E. Jones and R. D. Lins. Cyclic weigthed reference counting without delay. In Arndt Bode, Mike Reeve, and Gottfried Wolf, editors, *PARLE '93 Parallel Architectures and Languages Europe*, volume 694 of *Lecture Notes in Computer Science*, pages 712–715, Berlin, June 1993. Springer-Verlag.

[45] G.L. Steele Jr. Multiprocessing compactifying garbage collection. *Comm. of the ACM*, 18(9):495–508, September 1975.

[46] Niels Christian Juul. Comprehensive, concurrent, and robust garbage collection in the distributed, object-based systeme emerald. Technical Report DIKU-rapport 93/1, Dept. of CS, University of Copenhagen, Denmark, February 1993.

[47] Dennis Kafura, Manibrata Mukherji, and Douglas M. Washabaugh. Concurrent and distributed garbage collection of active objects. *IEEE Transactions on Parallel and Distributed Systems*, 6(4):337–350, April 1995.

[48] R. E. Kessler and Miron Livney. An analysis of distributed shared memory algorithms. *IEEE*, pages 498–505, 1989.

[49] B. Lang, C. Queinnec, and J. Piquer. Garbage collecting the world. In *Conf. Record of the Nineteenth Annual ACM Symposium on Principles of Programming Languages.* ACM Press, January 1992.

[50] K.G. Langendoen, H.L. Muller, and W.G. Vree. Memory management for parallel tasks in shared memory. In Y. Bekkers and J. Cohen, editors, *Memory Management*, volume 637 of *Lecture Notes in Computer Science*, pages 165–178. Springer-Verlag, 1992.

[51] R.G. Larson. Minimizing garbage collection as a function of region size. *SIAM Journal on Computing*, 6(4):663–667, December 1977.

[52] Kai Li and Paul Hudak. Memory coherence in shared virtual memory systems. In *Proc. of 5th ACM Symp. on Principles of Distributed Computing*, August 1986.

[53] Kai Li and Richard Schaefer. A hypercube shared virtual memory system. In *Proc. of 1989 Int. Conf. on Parallel Processing*, August 1989.

[54] Henry Lieberman and Call Hewitt. A real-time garbage colelctor based on the lifetimes of objects. In *Communication of the ACM*, volume 26, pages 419–429, June 1983.

[55] M. Maeda, H. Konaka, Y. Ishikawa, T. Tomokiyo, A. Hori, and J. Nolte. On-the-fly global garbage collection based on partly mark-sweep. In H.G. Baker, editor, *Memory Management*, volume 986 of *Lecture Notes in Computer Science*, pages 283–296. Springer-Verlag, 1995.

[56] L. Maranget. GAML: a parallel implementation of lazy ML. In R.J.M. Hughes, editor, *5th Functional programming languages and computer architecture*, volume 523 of *Lecture Notes in Computer Science*, pages 102–123. Springer-Verlag, 1991.

[57] S. Matsui, Y. Tanaka, A. Maeda, and M. Nakanishi. Complementary garbage collector. In H.G. Baker, editor, *Memory Management*, volume 986 of *Lecture Notes in Computer Science*, pages 163–177. Springer-Verlag, 1995.

[58] J. Harold McBeth. On the reference counter method. *Communications of the ACM*, 6(9):575, September 1963.

[59] David Moon. Garbage collection in a large lisp system. In *ACM Symposium on Lisp and Functional Programming*, volume 26, pages 235–246, June 1984.

[60] Holger Naundorf. *MAMMUT: Memory Allocation ManageMent UniT (Entwurf und Implementierung einer effizienten parallelen Speicherverwaltung für symbolische Manipulation)*. Diplomarbeit, Universität Paderborn, Germany, 1992.

[61] Holger Naundorf. Threads unter solaris. *mathPAD*, 4(3):20–23, December 1994.

[62] Holger Naundorf. Parallelism in mupad. In Michael Wester, Stanley Steinberg, and Michael Jahn, editors, *Electronic Proceedings of the 1st International IMACS Conference on Applications of Computer Algebra*, http://math.unm.edu/ACA/Proceedings/MainPage.html, May 1995.

[63] S. Nettles, J. O'Toole, D. Pierce, and N. Haines. Replication-based incremental copying collection. In Y. Bekkers and J. Cohen, editors, *Memory Management*, volume 637 of *Lecture Notes in Computer Science*, pages 357–364. Springer-Verlag, 1992.

[64] Kelvin Nilsen. Progress in hardware -assisted real-time garbage collection. In H.G. Baker, editor, *Memory Management*, volume 986 of *Lecture Notes in Computer Science*, pages 355–379. Springer-Verlag, 1995.

[65] Jos'e M. Piquer. Indirect reference-counting, a distributed garbage collection algorithm. In E. Odijik, M. Rem, and J.-C. Sayr, editors, *Parallel Architectures and Languages Europe*, volume 365, 366 of *Lecture Notes in Computer Science*, pages 150–165. Springer-Verlag, 1991.

[66] José M. Piquer. Indirect mark and sweep: A distributed gc. In H.G. Baker, editor, *Memory Management*, volume 986 of *Lecture Notes in Computer Science*, pages 267–282. Springer-Verlag, 1995.

[67] D. Plainfossé and M. Shapiro. A survey of distributed garbage collection techniques. In H.G. Baker, editor, *Memory Management*, volume 986 of *Lecture Notes in Computer Science*, pages 211–249. Springer-Verlag, 1995.

[68] David Plainfossé. *Distributed Garbage Collection and Reference Management in the Soul Object Support System.* PhD thesis, Université Paris-6, 1994. Available von INRIA as TU-281, ISBN-2-7261-0849-0.

[69] Isabelle Puaut. Scalable distributed garbage collection for systems of active objects. In Y. Bekkers and J. Cohen, editors, *Memory Management*, volume 637 of *Lecture Notes in Computer Science*, pages 148–164. Springer-Verlag, 1992.

[70] U. Ramachandran, M. Ahamad, and M. Y. A. Khalidi. Unifying synchronization and data transfer in maintaining coherence of distributed shared memory. Technical Report GIT-ICS-88/23, Georgia Institute for Technology, School of Information and Computer Science, 1988.

[71] C. Scheurich and M. Dubois. Dynamic page migration in multiprocessors with distributed global memory. *IEEE*, pages 162–169, 1988.

[72] T. Le Sergent and B. Berthomieu. Incremental multi-threaded garbage collection on virtually shared memory architectures. In Y. Bekkers and J. Cohen, editors, *Memory Management*, volume 637 of *Lecture Notes in Computer Science*, pages 179–199. Springer-Verlag, 1992.

[73] M. Shapiro, P. Dickman, and D. Plainfossé. Robust, distributed references and acyclic garbage collection. In *Symp. on Principles of Distributed Computing*. ACM, August 1992.

[74] M. Shapiro, O. Gruber, and D. Plainfossé. A garbage detection protocol for a realistic distributed object-support system. Technical Report 1320, Inria, Rocquencourt, November 1990.

[75] Robert A. Shaw. *Empirical Analysis of a Lisp System*. PhD thesis, Stanford University, February 1988. Also appears as Technical Report CSL-TR-88-351.

[76] P.K. Sinha, H. Ashihara, K. Shimizu, and M. Maekawa. Flexible user-definable memory coherence scheme in distributed memory of galaxy. In Arndt Bode, editor, *Dsitributed Memory Computing*, volume 487 of *Lecture Notes in Computer Science*, pages 52–61. Springer-Verlag, 1991.

[77] Patrick G. Sobalvarro. *A lifetime-based garbage collector for LISP systems on general-purpose computers*. B. s. thesis, MIT EECS Dept., 1988.

[78] M. Suzuki, H. Koide, and M. Terashima. Moa — a fast sliding compacting scheme for a large storage space. In H.G. Baker, editor, *Memory Management*, volume 986 of *Lecture Notes in Computer Science*, pages 197–210. Springer-Verlag, 1995.

[79] David Ungar. Generation scavenging: A non-disruptive high performance storage reclamation algorithm. In *Proc. of the ACM SIGSOFT/SIGPLAN Software Engineering Symposium on Practical Software Development Environments*, volume 19 of *SIGPLAN Notices*, pages 157–167. ACM Press, May 1984.

[80] N. Venkatasubramanian, G. Agha, and C. Talcott. Scalable distributed garbage collection for systems of active objects. In Y. Bekkers and J. Cohen, editors, *Memory Management*, volume 637 of *Lecture Notes in Computer Science*, pages 134–147. Springer-Verlag, 1992.

[81] Berthold Vöcking. The DIstributed VAriables library. http://www.uni-paderborn.de/SFB376/projects/a2/TP_A2_DIVA_Manual.html, 1996.

[82] David H. D. Warren and Seif Haridi. Data diffusion machine - a scalable shared virtual memory multiprocessor. In *Proc. of the International Conf. on Fifth Generation Computer Systems 1988*, 1988.

[83] P. Watson and I. Watson. An efficient garbage collection scheme for parallel computer architectures. In *PARLE: Parallel Architectures and Languages Europe*, volume 259 of *Lecture Notes in Computer Science*, pages 432–443. Springer-Verlag, 1987.

[84] E.P. Wentworth. Pitfalls of conservative garbage collection. *Software, Practice and Experience*, 20(7):719–727, July 1990.

[85] Paul R. Wilson. Some issues and strategies in heap management and memory hierarchies. In *OOPSLA/ECOOP '90 Workshop on Garbage Collection in Object-Oriented Systems*, October 1990. Also in SIGPLAN Notices 23(1):45-52, January, 1991.

[86] Paul R. Wilson. Uniprocessor garbage collection techniques. In Y. Bekkers and J. Cohen, editors, *Proc. of the 1992 International Workshop on Memory Management*, volume 637 of *Lecture Notes in Computer Science*, pages 1–42. Springer-Verlag, 1992.

[87] Paul R. Wilson and Thomas G. Moher. Design of the opportunistic garbage collector. In Norman Meyrowitz, editor, *OOPSLA '89 Object-Oriented Programming: Systems, Languages and Applications*, volume 24 of *Special Issues of SIGPLAN Notices*, pages 23–35, New Orleans, Louisiana, October 1989. acm PRESS.

[88] P.R. Wilson, M.S. Johnstone, M. Neely, and D. Boles. Dynamic storage allocation: A survey and critical review. In H.G. Baker, editor, *Memory Management*, volume 986 of *Lecture Notes in Computer Science*, pages 1–116. Springer-Verlag, 1995.

[89] G. May Yip. Incremental, generational mostly copying garbage collection in uncooperative environments. Technical Report 91/8, DEC Western Research Laboratory, Palo Alto, CA, 1991.

[90] Taichi Yuasa. Real-time garbage collection on general purpose machines. *Journal of Systems and Software*, 11:181–198, 1990.

[91] Benjamin Zorn. Comparing mark-and-sweep and stop-and-copy garbage collection. In *1990 ACM Conference on Lisp and Functional Programming*, pages 87–98, June 1990.

Index